내 손으로 만드는 산야초차

나만의 명품 산야초차 한 잔!

내 손으로 만드는 산야초차 茶

공산 산야초효소연구원장 **김시한** 지음

쉽고
친절한
56가지
레시피 수록

창해

들어가는 글

필자는 25여 년 동안 산야초효소연구원에서 차와 효소를 연구함과 동시에 우리나라 농가 소득 증진을 위해 귀농귀촌교육을 해왔다. 자연스레 옛 문헌을 통해 우리 선조들이 차茶 생활을 통해 심신의 여유, 병에 대한 예방과 치료를 해왔다는 것을 알게 되었으며 이와 관련된 자료들을 수집하기에 이르렀다.

그러나 아쉽게도 차의 성분, 약리효과 등에 대한 과학적인 분석과 접근은 찾아볼 수가 없었다. 그래서 필자는 우리 선조들이 즐겨 마셨던 차에 대해 연구를 하기 시작했다. 그리고 수십 년간 각고의 노력과 현장에서 겪은 여러 가지 체험을 바탕으로 산야초를 이용하여 전통차로, 탕재차로 사용할 수 있음을 확인했다.

덖음 공정을 거쳐 가공처리를 하면 우리가 생각지도 못한 그윽하고 깊은 향이 나는데, 기존 탕재차와는 다른 색과 맛을 즐길 수 있다. 또한 덖음ㆍ볶음차로 만들기 때문에 차가 잘 우러나와 누구나 좋은 차맛을 낼 수 있다.

우리 주변에는 차로 우려 마실 수 있는 귀한 산야초가 어디에나 자라고 있다. 다만 이를 제대로 알지 못해 실행을 하지 못할 따름이다. 얼마 전까지만 해도 농촌 가정에서 산야초차를 우려 마심으로써 병을 예방하고 치료하던 것을 심심치 않게 볼 수 있었다. 그러나 아무리 좋은 산야초차라 할지라도 함부로 마시면 오히려 해가 되기도 한다. 반드시 산야초의 효능과 복용법을 잘 알고 마셔야 건강에 이롭다. 아울러 이런 산야초차를 빚고 마시는 행위 자체가 아름답고 여유로운 삶의 한 방편이 될 수 있다.

이 책에는 필자가 산야초에 대해 수십 년간 연구하고 독자들의 눈높이에 맞춰 교육한 만들기 비법이 오롯이 담겨 있다. 산야초차와 발효건강차에 대한 개념을 설명하고, 실생활에서 활용할 수 있는 유용한 팁도 제공한다.

1장, 2장에서는 산야초차의 종류별 특성과 효능, 다양한 산야초를 덖거나 볶아서 차로 만드는 법을 소개했다.

3장, 4장에서는 발효건강차의 촉매재인 포도 효소액과 배 효소액 담그기를 상세히 보여준 뒤 발효건강차의 특징과 효능, 발효건강차 만드는 법을 소개했다.

특히 만들기 과정에 그동안 촬영해둔 실제 과정 사진을 상세하게 실은 것은 독자들이 실생활에서 직접 활용할 수 있도록 하는 것이 이 책을 출간하는 목적이기 때문이다.

요즘 현대의학이 고도로 발달했음에도 스트레스와 환경오염 등으로 인해 불치병, 난치병이 늘어나고 있어 사회적으로 건강에 대한 관심이 더욱 고조되고 있는 추세이다. 이 책에 담은 필자의 산야초차나 발효건강차 연구가 독자들이 각박한 현실에서 건강한 삶을 영위해나가는 데 조금이나마 도움이 되었으면 하는 마음 간절하다.

끝으로 책이 나오기까지 지원과 격려를 아끼지 않은 선배, 동료, 친지 분들에게 고마움을 표하며, 수고해주신 모든 이에게 진심으로 감사드린다.

2018년 10월
대전 공산 산야초효소연구원에서
김시한

차례

2장 산야초차 만들기

3장　정성과 손맛이 담긴 발효건강차

4장 발효건강차 만들기

산야초차 기초 지식

월별 채취 시기에 따른 산야초 분류

3 March

소루쟁이, 왕고들빼기, 민들레, 당귀, 둥굴레,
삽주(창출), 청미래덩굴, 돼지감자, 참마,
겨우살이, 귤껍질(진피)

소루쟁이 · 왕고들빼기 · 민들레
당귀 · 둥굴레 · 삽주(창출)
청미래덩굴 · 돼지감자 · 참마
겨우살이 · 귤껍질(진피)

4 April

소루쟁이, 왕고들빼기, 민들레, 오갈피, 두릅,
엉겅퀴, 머위, 자귀나무

소루쟁이 · 왕고들빼기 · 민들레
오갈피 · 두릅 · 엉겅퀴
머위 · 자귀나무

5 May

소루쟁이, 왕고들빼기, 민들레, 두릅, 엉겅퀴,
머위, 자귀나무, 도라지, 두충, 명아주,
밀나물, 어성초, 익모초, 인동초, 칡

소루쟁이 / 왕고들빼기 / 민들레
두릅 / 엉겅퀴 / 머위
자귀나무 / 도라지 / 두충
명아주 / 밀나물 / 어성초
익모초 / 인동초 / 칡

6 June

왕고들빼기, 민들레, 머위, 자귀나무, 도라지,
두충, 명아주, 밀나물, 어성초, 익모초,
인동초, 칡, 개똥쑥, 쑥, 쇠무릎(우슬), 마디풀,
엄나무, 질경이

왕고들빼기 / 민들레 / 머위
자귀나무 / 도라지 / 두충
명아주 / 밀나물 / 어성초
익모초 / 인동초 / 칡
개똥쑥 / 쑥 / 쇠무릎(우슬)
마디풀 / 엄나무 / 질경이

7 July

왕고들빼기, 민들레, 도라지, 인동초, 칡,
쇠무릎(우슬), 마디풀, 엄나무, 질경이,
달맞이꽃, 까마중, 산초, 삼백초, 생강나무,
쇠비름, 으름덩굴, 한삼덩굴

왕고들빼기	민들레	도라지
인동초	칡	쇠무릎(우슬)
마디풀	엄나무	질경이
달맞이꽃	까마중	산초
삼백초	생강나무	쇠비름
으름덩굴	한삼덩굴	

8 August

왕고들빼기, 민들레, 도라지, 쇠무릎(우슬),
달맞이꽃, 까마중, 산초, 삼백초, 생강나무,
쇠비름, 으름덩굴, 한삼덩굴, 닭의장풀,
오미자, 차즈기, 포도

왕고들빼기	민들레	도라지
쇠무릎(우슬)	달맞이꽃	까마중
산초	삼백초	생강나무
쇠비름	으름덩굴	한삼덩굴
닭의장풀	오미자	차즈기
포도		

민들레, 도라지, 달맞이꽃, 닭의장풀, 오미자, 차즈기, 탱자, 구기자, 구절초, 포도, 배, 맥문동

민들레 / 도라지 / 달맞이꽃

닭의장풀 / 오미자 / 차즈기

탱자 / 구기자 / 구절초

포도 / 배 / 맥문동

민들레, 도라지, 탱자, 구기자, 구절초, 당귀, 둥굴레, 삽주(창출), 청미래덩굴, 배, 맥문동, 귤껍질(진피)

민들레 / 도라지 / 탱자

구기자 / 구절초 / 삽주(창출),

청미래덩굴 / 배 / 맥문동

귤껍질(진피)

11 Novembe

도라지, 당귀, 둥굴레, 삽주(창출),
청미래덩굴, 돼지감자, 참마, 맥문동,
귤껍질(진피)

도라지	당귀	둥굴레
삽주(창출)	청미래덩굴	돼지감자
참마	맥문동	귤껍질(진피)

12 December

당귀, 둥굴레, 삽주(창출), 청미래덩굴,
겨우살이, 귤껍질(진피)

| 당귀 | 둥굴레 | 삽주(창출) |
| 청미래덩굴 | 겨우살이 | 귤껍질(진피) |

1 January

당귀, 둥굴레, 삽주(창출), 청미래덩굴,
겨우살이, 귤껍질(진피)

당귀 | 둥굴레 | 삽주(창출)
청미래덩굴 | 겨우살이 | 귤껍질(진피)

2 February

당귀, 둥굴레, 삽주(창출), 청미래덩굴,
겨우살이, 귤껍질(진피)

당귀 | 둥굴레 | 삽주(창출)
청미래덩굴 | 겨우살이 | 귤껍질(진피)

재료 사용 부위에 따른 산야초 분류

전초
민들레, 마디풀, 삼백초, 쇠비름, 구절초

잎
소루쟁이, 왕고들빼기, 오갈피, 두릅, 머위, 자귀나무, 두충, 명아주, 밀나물, 어성초, 익모초, 인동초, 칡, 개똥쑥, 쑥, 엄나무, 질경이, 달맞이꽃, 까마중, 산초, 생강나무, 한삼덩굴, 닭의장풀, 차즈기, 구기자, 청미래덩굴, 겨우살이

줄기
머위, 명아주, 어성초, 익모초, 개똥쑥, 쑥, 질경이, 으름덩굴, 닭의장풀, 차즈기, 겨우살이

순
오갈피, 두릅, 밀나물, 칡, 쇠무릎(우슬), 달맞이꽃, 으름덩굴, 한삼덩굴

뿌리
엉겅퀴, 도라지, 당귀, 둥굴레, 삽주, 돼지감자, 참마, 맥문동, 쇠무릎(우슬)

열매
산초, 오미자, 탱자, 포도, 배, 구기자

기타
닭의장풀(꽃), 귤(껍질), 생강나무(가지)

폐(허파)와 대장

도라지, 배, 소루쟁이,
산초, 쑥, 오미자,
자귀나무, 참마

위장과 비장(지라)

두릅, 민들레, 산초,
삽주(창출), 소루쟁이, 쇠비름,
쑥, 왕고들빼기, 으름덩굴,
익모초, 질경이, 참마, 칡, 탱자

간과 쓸개

구기자, 두충,
엉겅퀴, 오갈피,
질경이, 칡

심장과 소장

구기자, 두충,
엉겅퀴, 오갈피,
질경이, 칡

신장(콩팥)과 방광

겨우살이, 구기자,
닭의장풀, 둥굴레, 오미자,
으름덩굴, 포도

산야초의 효능

- **갱년기** 증상 완화 : 익모초
- **고혈압** 개선 : 칡
- **관절염**(통) 치료 : 오갈피, 엉겅퀴, 두충, 쇠무릎(우슬), 엄나무, 쇠비름, 으름덩굴, 겨우살이(뼈)
- **근육과 뼈** 통증을 완화 : 인동초
- **기관지, 천식** 등 호흡기 계통에 효능 : 민들레, 두릅, 머위, 도라지, 오미자, 차즈기, 배, 굴껍질(진피)

- **노화방지**에 도움 : 밀나물
- **다이어트·비만증**에 도움 : 달맞이꽃, 돼지감자, 맥문동
- **당뇨** 치료에 도움 : 닭의장풀, 구기자, 돼지감자, 맥문동

- **면역력** 향상 : 왕고들빼기, 개똥쑥
- **모세혈관** 개선 : 삼백초
- **부인병** 호전 : 생강나무, 구절초
- **불면증**에 도움 : 둥굴레
- **비뇨기** 계통에 좋음 : 맥문동
- **뼈**에 도움 : 오갈피, 두충, 쇠무릎(우슬)

- **산후조리**에 도움 : 생강나무
- **소화** 작용에 도움 : 한삼덩굴, 탱자, 삽주(창출)
- **신경허약** 호전 : 자귀나무, 당귀
- **신경통**에 좋음 : 엄나무, 으름덩굴

- **아토피**에 도움 : 명아주, 산초
- **이뇨** 작용을 도움 : 마디풀
- **중독** 증상 치료 : 청미래덩굴(수은, 공해)
- **중풍**에 효능 : 엉겅퀴
- **피로회복**에 좋음 : 오갈피
- **피부병**(염증, 질환) 치료와 보호 : 소루쟁이, 달맞이꽃, 산초, 쇠비름, 당귀

- **항바이러스** 성분 포함 : 어성초, 산초
- **항암** 성분 포함 : 소루쟁이, 왕고들빼기, 개똥쑥, 까마중, 겨우살이
- **해독** 작용 성분 포함 : 명아주, 차즈기, 삽주(창출)
- **혈액순환** 도움 : 밀나물, 마디풀, 당귀
- **화병** 가라앉힘 : 한삼덩굴

1장

누구나 쉽게 만들 수 있는
산야초차

1. 현대인의 필수 먹을거리, 산야초

최근 백세시대를 맞아 산야초에 대한 사람들의 관심이 더욱 높아졌다. 산과 들에서 자라난 풀을 과연 먹어도 될까, 혹시 독성은 없을까 의구심을 품는 사람들도 있는데 차의 재료로 쓰이는 산야초에서 독성 식물은 제외된다. 좀 더 안심할 수 있는 산야초차를 만들고 싶다면 봄부터 초여름 사이에 나는 식물을 이용하는 것이 좋다.

중국 전설에 나오는 고대 삼황三皇 가운데 신농씨神農氏는 농업과 의약의 신으로도 불린다. 신농씨는 각지에서 산야초를 구해다가 하나하나 씹어 먹으며 성분과 효능을 분석하여 의약을 체계적으로 정리했다고 한다.주

그 뒤 수백 수천 년의 긴 세월에 걸쳐 산야초가 이용되면서 어떤 풀은 사람의 목숨을 빼앗아 가기도 했고, 어떤 풀은 병을 치료하거나 예방에 효과가 있었다. 또 해롭지는 않으나 맛없는 풀도 있었다. 현재 우리들이 식단에 올려놓고 즐겨 먹는 산야초들은 오랜 세월 동안 수많은 경험을 통해 비교적 맛있

주
《회남자淮南子》〈수무훈修務訓〉에 "신농은 일찍이 온갖 풀을 맛보고 물맛이 단가 쓴가를 알아보아서 백성들로 하여금 알고 피할 수 있게끔 하였는데 하루에 70번 중독되었다"라는 기록이 남아 있다.

게 먹을 수 있는 이로운 풀들이 선별된 것이므로 안심해도 된다.

산야초차의 재료로는 질경이, 민들레, 어성초, 칡, 닭의장풀 등 다양한 종류가 있다. 사용하는 부위도 잎만이 아니다. 순을 사용해 맛과 향이 좋고 영양가 높은 차를 만들 수도 있는데 구기자, 오갈피, 으름덩굴 등이 그러하다.

산야초에 들어 있는 성분은 양약처럼 단순하지 않다. 갖가지 영양소가 풍부하게 함유된 가운데 약리적 성분이 복합적으로 작용한다. 혹시 고약한 질병에 특효를 나타내는 성분이 다량 들어 있다 해도, 그 잎을 차로 만들어 마실 때는 연하게 우려내기 때문에 큰 탈이 생기지 않는다. 특히 산야초차는 대여섯 종류를 함께 섞어서 우려 마시는 것이 바람직하다. 그 이유는 각종 산야초의 성분이 어우러지며 상승작용이 일어나 건강 증진에 높은 효능을 나타내기 때문이다.

혹시 만에 하나라도 다소 강한 약효 성분이 들어 있다 해도 아주 소량 섞여 있기 때문에 염려할 필요는 없다. 오직 독성 산야초를 주의하고, 맛과 향이 입에 맞지 않거나 역겨운 종류를 피하여 자신에게 맞는 산야초차를 만들어 즐기면 되는 것이다.

2. 주변에서 쉽게 접하는 몸에 좋은 산야초들

폐에 좋은 야생 곰보배추

폐에 탁월한 효능을 가진 야생곰보배추는 겨울철에도 잎이 시들지 않는 상록성 여러해살이풀이다. 눈이 내릴 때 눈을 맞고도 살아 있다고 해서 '설견초雪見草'라 부르기도 한다.

폐 기능을 좋게 하는 음식은 피부도 좋게 한다. 반대로 피부가 안 좋은 사람은 감기나 천식에도 취약한 경향이 있다. 환절기에 잘 걸리는 감기는 병을 미리 알려주는 '우리 몸이 보내는 신호'다. 즉 감기는 몸의 기운이 바뀌거나 흐트러져서 체력이 떨어지는 증상인데, 이럴 때 곰보배추만 한 약이 없다.

곰보배추는 온갖 항생제를 써도 낫지 않는 감기, 폐렴, 결핵 등의 질환을 예방·치료하고 모든 종류의 기침에 특효가 있다.

곰보배추

장에 좋은 쇠비름

장에 좋은 대표적 산야초인 쇠비름은 장수한다는 의미로 '장명초', 오행을 상징한다고 여겨 '오행초'라고도 부른다. 붉은색 줄기는 화火, 까만색 씨앗은 수水, 초록색 잎은 목木, 흰색 뿌리는 금金, 노란색 꽃은 토土를 상징한다.

해열, 이뇨 등의 증상에 효과가 있고, 임균성요도염, 대하증, 임파선염, 종기, 마른버짐, 벌레에 물린 상처 등의 치료에 쓰이고 있다.

된장과 음식 궁합이 잘 맞는 원추리

신경안정 성분이 들어 있는 원추리는 봄의 향기를 느낄 수 있는 산야초이다. 특히 된장과 궁합이 잘 맞아 나물로 버무려 먹으면 아주 맛이 있다.

쇠비름

원추리

아카시아

해독 작용도 뛰어나고. 뿌리에는 전분이 많아 갈아서 묵을 만들어 먹을 수도 있다.

청정지역 아카시아꽃

아카시아꽃은 공기가 맑은 날 아침 일찍 청정지역에서 꽃이 활짝 피기 전에 몽우리를 찾아 채취해야 한다. 햇빛이 강해지면 색이 날아가고, 향이 강해질 수 있기 때문이다. 그리고 살아 있는 생명체라는 것을 염두에 두고 함부로 다루어서는 안 된다.

욕심내지 말고, 필요한 만큼만 솎아주듯 따야 한다. 욕심껏 따다 보면 먼저 채취한 것이 시들어버리므로 최상의 재료로 사용할 수 없다.

또한 아카시아꽃은 씻으면 안 된다. 청정지역에서 채취한 만큼 향이 좋아, 굳이 씻을 필요가 없다. 씻으면 꽃이 물을 머금게 되고, 발효될 때 물을 뱉어내어 곰팡이가 생기고 시어버린다.

3. 산야초차 만드는 법(제다법)

(1) 산야초 덖음차 만들기

덖음차에서는 차 본연의 순수한 맛과 향이 느껴진다. 그리고 덖어내는 과정에서 산야초 재료가 변질되거나 산화되는 것이 방지되어 일정한 맛이 유지된다.

산야초 채취(재료) → 선별 → 1차 덖음 → 비비기 → 떨기 → 재덖음 → 건조 → 열처리 → 산야초차(완성품)

1) 채취 및 선별
산야초잎을 한 잎 한 잎 정성껏 채취하여 좋은 것들을 모은다.

2) 1차 덖음(살청殺靑)

무쇠솥을 뜨겁게 달궈 산야초 생잎을 넣고 덖어내는 과정이다.

산야초의 변질과 산화를 1차적으로 방지하고 산야초차의 '푸른 기운을 꺾는다'는 뜻으로 '살청'이라고도 한다.

이 과정을 통해 적당한 정도로 익혀냄으로써 산야초잎 맛의 큰 줄기가 잡히게 된다. 덜 익히면 푸른 기운이 살아나 맛과 향이 너무 강해 아린 맛이 나고, 너무 익히면 풍미가 떨어진다.

3) 비비기(유념揉捻)

덖은 잎을 손으로 비벼주는 과정이다. 맛이 잘 우러나게 하고, 완성된 뒤에도 부서지지 않게 한다.

4) 건조

덖음 과정과 유념 과정을 거친 차를 떨어서 건조시킨다. 건조 과정을 통해 차의 익힘 정도가 고정되고 맛도 숙성된다.

5) 열처리

맛을 마무리하는 과정이다. 건조 과정을 거친 차를 무쇠솥에서 오랜 시간 수분을 날려 보내며 맛과 향을 결정짓는다. 건조된 찻잎의 상태에 따라 솥 온도와 열처리 시간이 정해진다.

6) 마무리

이상의 과정을 통해 차가 완성된다. 먼지와 찌꺼기를 날려내고 포장하여 보관한다.

(2) 산야초 볶음차 만들기

산야초가 세상에 알려지면서 각 가정에서 차를 만들어 먹는데 대부분 탕재식으로
음용한다. 탕재는 액을 한 번에 마셔야 하는 단점이 있지만, 볶음차는 여러 번 우려
내어 먹을 수 있고, 볶는 과정에서 순해져 깔끔한 차 맛을 즐길 수 있다. 볶는 시간
에 따라 수분이 날아가며 맛과 향이 결정된다.

1) 준비
재료를 깨끗이 손질한다.

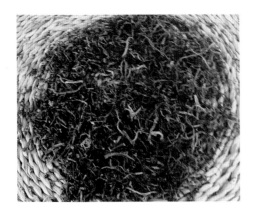

2) 건조
손질한 재료를 햇볕에 말린다.

3) 분쇄

햇볕에 말린 재료를 분쇄기에 넣어 분쇄한다.

4) 볶음

분쇄한 재료를 팬에 넣어 볶는다.

5) 완성

볶은 재료를 밀폐 용기에 넣어 보관한다.

(3) 제다법에 따른 산야초차 분류

제다법	과정 수	산야초 이름
덖음차	10과정 내외	소루쟁이, 왕고들빼기, 오갈피, 두릅, 머위, 자귀나무, 도라지, 두충나무(잎), 명아주, 밀나물, 익모초, 인동초, 칡, 개똥쑥, 쑥, 쇠무릎(우슬), 마디풀, 엄나무(잎), 질경이, 달맞이꽃, 까마중(잎), 으름덩굴, 구기자(잎), 구절초, 둥굴레, 청미래덩굴(잎), 돼지감자
볶음차	5과정	민들레, 엉겅퀴, 어성초, 산초, 삼백초, 생강나무, 쇠비름, 닭의장풀, 오미자, 차즈기, 탱자, 당귀, 삽주, 돼지감자, 참마, 겨우살이

산야초차 만드는 기본 도구

무쇠솥
재료를 덖거나 열처리하는
과정에서 사용한다.

프라이팬
재료를 덖거나 열처리하고
볶는 과정에서 사용한다.

분쇄기
재료를 볶기 전 분쇄한다.

각종 대나무 채반
재료를 모으거나 말리며,
유념할 때도 쓴다.

4. 차를 우려 마시는 방법

찻물 끓이기

탕관에 물을 담은 뒤, 강력한 화력으로 찻물을 끓인다. 물이 점차 끓어 조그마한 물 기포가 생기고 나서 미세한 출렁임이 생길 때가 바로 찻물의 최적기이다. 수돗물은 물통에 받아 한나절쯤 두었다가 앙금이 모두 가라앉은 다음 찻물로 사용한다.

차 우려내기

① 우선 다관과 찻잔을 씻어내기 위해 끓인 물을 식힘 사발에 붓는다. 물을 다관에 붓고 다시 찻잔마다 골고루 붓는다. 찻잔의 물을 버림 사발에 버린다.
② 차량은 한 사람 기준 3~5g 정도로 다관에 넣는다. 자신에 취향에 맞게 차량을 조절하면 된다.
③ 물의 온도가 70~85℃ 정도일 때 다관에 붓는다.

④ 다관에서 차를 알맞게 우리는 시간은 보통 1~3분 정도이다.

차 마시기

찻잔을 두 손으로 다소곳이 쥔다. 차를 마실 때는 먼저 색을 감상하고, 다음에 향기를 맡고, 맛을 본다. 입안에 찻물을 넣고, 조용히 잠시 머금은 다음 조금씩 목으로 넘기면 차 맛과 좋은 기분을 느낄 수 있다.

차 마실 때 에티켓

우려낸 차를 우측 잔에서부터 좌측으로 세 번 반복해서 돌아 잔이 차도록 하여 마신다. 찻잔은 왼손에 받쳐 오른손으로 잡고, 우려서 권하는 이에게 가볍게 고개 숙여 인사한 뒤 색, 향, 미(맛)를 음미하며 마신다.

차 보관 방법

① 차는 온도, 습도, 산소, 광선 등의 영향에 따라 변질될 수 있다.
② 개봉한 차는 가급적 빨리 사용하는 것이 좋으며, 사용하는 차는 밀봉한 용기 (차호)에 넣는다.

③ 많은 양의 차는 비닐로 여러 겹 싸서 냉동실에 보관하면 좋다.

④ 상품으로 포장된 차를 가정에서 다른 그릇에 옮겨 담을 때는 함석·나무·대나무·주석·도자기로 된 그릇이 적당하다. 특히 성능이 좋은 보온병에 공기가 차지 않게 보관하면 좋다.

- 주석 차통은 공기가 투과되지 않아 습기가 차거나 변질되지 않으므로 차를 저장하는 데 가장 적합한 용기이다.
- 함석 차통의 경우, 종이 봉지에 담은 차를 통 속에 잘 쟁인 다음 차통을 정결한 곳에 보관한다.

주석 차통   종이 차통   차팩   티백

2장

산야초차
만들기

소루쟁이차

　소루쟁이는 마디풀과의 여러해살이풀로 들이나 습기가 있는 땅, 물가 등에서 자란다. 잎은 초록색의 긴 타원형이며, 7~8월에 비슷한 초록색의 꽃이 핀다. 8~9월경 꽃자루에 갈색으로 씨앗이 영그는데, 바람이 불 때마다 소리를 낸다고 해서 '소리쟁이'라 불리기도 한다. 뿌리는 한약재로 쓰이며, 그 생김새가 대황과 닮았다고 해서 '토대황 土大黃'이라 부른다.

　소루쟁이는 대장에 아주 좋은 식물이다. 봄에 나는 어린잎은 나물로 무쳐 먹거나 된장국 등에 넣어서 먹고, 말렸다가 묵나물로 무쳐 먹는데, 맛도 좋을 뿐 아니라 고질적인 변비를 깨끗이 낫게 할 만큼 효능이 뛰어나다. 장을 깨끗하게 해주기 때문에 피부가 맑아지는 효과도 볼 수 있다.

●채취 시기
이른 봄부터 5월까지 잎을 채취하여 차의 재료로 사용한다.

●소루쟁이의 효능
이뇨, 지혈, 변통 등에 효과가 있다. 소화불량, 황달, 혈변, 자궁출혈 등의 치료에 쓰고, 옴이나 종기, 류머티즘, 음부 습진에도 쓴다.

❶

소루쟁이 잎을 채취하여 손질한다.

❷

손질한 재료를 1cm 정도로 썬다.

❸

썰어 놓은 재료를 프라이팬에 덖는다.

❹

덖은 재료를 비벼준다.

❺

비빈 재료를 떨어서 건조한다.

❻

떨어서 건조한 재료를 다시 덖는다.

❼

덖은 재료를 다시 비빈다.

❽

비빈 재료를 떨어서 건조한다.

❾

건조한 재료를 열처리한다.

❿

완성된 소루쟁이차를 포장하여 과정을
마무리한다.

왕고들빼기차

 왕고들빼기(씀바귀)는 국화과의 여러해살이풀로 생약명은 '고채苦菜'이다. 맛은 쓰고 성질은 차다.

설사를 멎게 하고 부기를 가라앉히는 효능이 있다. 또한 뱀에 물린 상처나 요로결석을 치료한다. 쓴맛을 내는 사포닌 성분이 소화를 돕고 위장을 튼튼하게 한다. 왕고들빼기를 상추쌈처럼 먹으면 잠이 오는데, 이유는 진정제 성분 때문이다.

●채취 시기

전초全草 이용이 가능하나, 봄에서 여름 동안 주로 잎을 채취하여 차 재료로 사용한다.

●왕고들빼기의 효능

해열, 해독, 건위, 조혈, 소종 등의 효능이 있으며 허파의 열기를 식혀준다. 강장, 강정强情, 식욕부진, 이질, 간경화, 구내염, 항종양, 항암, 오심, 오장보익, 위염, 진정, 진통, 불면증, 축농증, 소화불량, 폐렴, 간염, 고혈압, 혈액순환 촉진, 타박상, 종기, 편도선염, 인후염, 음낭습진, 유선염, 자궁염, 산후 출혈이 멎지 않는 증세 등의 치료약으로 쓴다.

❶

왕고들빼기 잎을 채취하여 손질한다.

❷

손질한 재료를 1cm 정도로 썬다.

❸

썰어 놓은 재료를 프라이팬에 덖는다.

❹

덖은 재료를 비벼준다.

❺

비빈 재료를 떨어서 건조한다.

❻

떨어서 건조한 재료를 다시 덖는다.

❼

덖은 재료를 다시 비빈다.

❽

비빈 재료를 떨어서 건조한 다음
건조한 재료를 열처리한다.

❾

완성된 왕고들빼기차를 포장하여 과정을
마무리한다.

민들레차

　민들레는 우리나라 산과 들은 물론, 도심의 공원이나 잔디밭에서도 흔히 볼 수 있는 국화과의 여러해살이풀이다. 예부터 한방에서는 민들레 뿌리 말린 것을 '포공영'이라 하여 약재로 썼다.

　나물로 먹으면 고들빼기, 씀바귀처럼 쓴맛이 강해서 이른 봄 입맛을 돋워준다. 꽃이 피기 전의 여린 잎을 이용해 무쳐 먹거나 다른 채소와 함께 샐러드로 먹어도 좋다. 녹즙을 내서 치료 목적으로 복용하기도 한다. 봄철에 잎, 줄기, 꽃, 뿌리 전초를 이용해 차를 만들면 사계절 내내 먹을 수 있다. 특히 민들레 특유의 쓴맛은 중화되고 효능은 더욱 배가되기 때문에 차 만들기를 추천한다.

●채취 시기
봄부터 가을까지 전초를 채취하여 차 재료로 사용한다.

●민들레의 효능
위염, 위궤양, 만성간염, 지방간, 만성장염, 천식, 기침, 신경통을 다스리는 효과가 있고 담즙 분비를 촉진한다. 감기로 인한 열, 기관지염, 늑막염, 소화불량, 변비, 유방염 등의 치료약으로 쓴다.

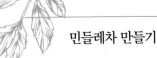

❶

민들레 풀포기 전체(전초소부)를 잘 씻어서 물기를 제거한다.

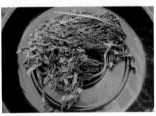

❷

손질한 재료를 말린다.

❸

말린 재료를 분쇄기에 넣어 분쇄한다.

❹

분쇄한 재료를 팬에 넣어 볶는다.

❺

완성된 민들레차를 밀폐 용기에 넣어
보관한다.

오갈피차

 오갈피나무는 두릅나뭇과의 낙엽활엽 관목으로 신체의 기능에 활력을 주고 다양한 질병을 예방하므로 '나무 산삼'이라고 불린다. 가장 탁월한 효능은 약해진 기력을 보충하는 것이며, 간과 신장의 기능을 개선하고 해독 작용을 하며, 피로회복에 좋다.

관절염, 요통 등 근골위약(근육과 뼈가 약해지는 증상)을 효과적으로 완화시키며 근육을 실하게 만들고, 키 성장에 도움이 된다. 뼈가 쑤시고 아플 때, 허리 통증이 있을 때 먹으면 증상이 완화된다. 오갈피는 봄, 가을 등 환절기에 섭취하면 좋다. 오갈피술은 허리 아픈 데 잘 듣는 것으로 알려져 있다.

●채취 시기
꽃이 피기 전인 4월에 순과 잎을 채취하여 차의 재료로 사용한다.

●오갈피의 효능
풍과 습기로 인한 마비와 통증, 류머티즘 등의 치료에 쓴다. 강장, 진통, 거풍(祛風, 풍을 몰아냄), 해독, 콜레스테롤, 혈당, 신경장애, 지구력 ,집중력, 뇌의 피로, 눈과 귀를 밝게 하는 데 효과가 있다.

오갈피차 만들기

❶

오갈피 순과 잎을 채취하여 손질한다.

....

❷

손질한 재료를 1cm 정도로 썬다.

....

❸

썰어 놓은 재료를 프라이팬에 덖는다.

....

❹

덖은 재료를 비벼준다.

....

❺

비빈 재료를 떨어서 건조한다.

❻

떨어서 건조한 재료를 다시 덖는다.

....

❼

덖은 재료를 다시 비빈다.

....

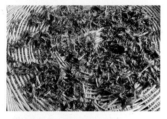

❽

비빈 재료를 떨어서 건조한다.

....

❾

건조한 재료를 열처리한다.

....

❿

완성된 오갈피차를 포장하여 과정을
마무리한다.

두릅차

 두릅나무는 두릅나뭇과에 속하는 낙엽활엽 관목으로 어린순을 '두릅'이라 부른다. 껍질은 생약명으로 '총목피', 열매는 생약명으로 '목두채'라고 한다.

두릅 순을 따서 데친 뒤 초고추장에 찍어 먹거나 장아찌나 부침개를 해서 먹어도 좋다. 어린잎과 어린순은 식용하고 나무껍질과 뿌리는 약재로 쓴다. 가을이나 봄에 채취하여 햇빛에 말린 약재를 1회 2~4g씩 200cc 물에 달여서 음용하거나 가루로 빻아서 먹는다.

●채취 시기
4~5월에 어린순과 잎을 채취하여 차 재료로 사용한다.

●두릅의 효능
건위, 진통, 이뇨, 강정强情, 두통, 풍습으로 인한 마비와 통증, 반신불수, 관절염 등에 효능이 있다. 위궤양, 위경련, 당뇨병, 신경쇠약, 발기부전 등의 치료에 쓴다.

두릅차 만들기

❶

두릅 어린순과 잎을 깨끗이 손질한다.

....

❷

손질한 재료를 1~2cm 정도로 썬다.

....

❸

썰어 놓은 재료를 프라이팬에 덖는다.

....

❹

덖은 재료를 비벼준다.

....

❺

비빈 재료를 떨어서 건조한다.

❻

떨어서 건조한 재료를 다시 덖는다.

❼

덖은 재료를 다시 비빈다.

❽

비빈 재료를 떨어서 건조한다.

❾

건조한 재료를 열처리한다.

❿

완성된 두릅차를 포장하여 과정을 마무리한다.

엉겅퀴차

   엉겅퀴는 국화과에 속하는 여러해살이풀로 생약명으로 뿌리를 '대항가세'라고 한다. 잎은 식용하고, 뿌리는 약재로 쓴다. 줄기와 가지 끝에 수술과 암술로만 이루어진 꽃이 한 송이씩 핀다. 꽃은 6~7월에 피며, 지름은 3cm 정도, 빛깔은 자주색이다. 잎과 줄기는 꽃이 필 때 사용하고, 뿌리는 봄과 가을에 채취하여 사용한다.

   말린 엉겅퀴를 달이거나 또는 가루로 만들어 복용한다. 생뿌리나 생잎 즙을 내서 환부에 붙이면 종기가 낫는다. 또한 엉겅퀴는 새순을 채취해서 나물, 비빔밥 재료, 묵나물로 식용하면 좋다. 울릉도의 엉겅퀴를 이용한 해장국은 특히 유명하다.

●채취 시기
봄(4~5월)이나 가을에 뿌리를 채취하여 차 재료로 사용한다.

●엉겅퀴의 효능
해열, 지혈, 감기, 백일해, 고혈압, 장염, 신장염, 토혈, 혈뇨, 혈변, 산후에 출혈이 멎지 않는 증세, 대하증 등의 치료에 쓴다.

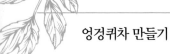

엉겅퀴차 만들기

❶

엉겅퀴 뿌리를 깨끗이 손질한다.

❷

손질한 재료를 썬다.

❸

썰어 놓은 재료를 분쇄기에 넣어 분쇄한다.

❹
분쇄한 재료를 팬에 넣어 볶는다.

❺
완성된 엉겅퀴차를 밀폐 용기에 넣어
보관한다.

머위차

 머위는 국화과에 속하는 여러해살이풀로 '관동'이라고도 한다. 새 잎이 나기 전에 꽃부터 먼저 피는데, 꽃은 차로도 사용한다. 잎은 뿌리줄기로부터 자라나며 둥근 꼴에 가까운 심장형이고, 길이가 60cm나 되는 굵은 잎자루를 갖고 있으며 식용한다.

봄에 채취한 잎은 차 재료로 사용하는 반면, 가을에 채취한 잎은 햇볕에 말려 가루를 내어 치료제로 쓰는데 병에 따라 생풀을 쓰기도 한다. 머위의 약효가 방송에 소개되면서 많은 사람들이 머위를 채취해서 약재로 사용하고 있다.

●채취 시기
4~6월에 잎과 줄기를 채취하여 차 재료로 사용한다.

●머위의 효능
기관지, 폐에 좋은 산야초로 거담, 진해, 해독, 인후염, 편도선염, 기관지염, 각종 종기, 뱀이나 벌레에 물린 상처에 치료약으로 쓴다.

머위차 만들기

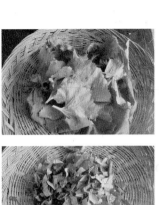

❶

머위 잎과 줄기를 깨끗이 손질한다.

❷

손질한 재료를 1cm 정도로 썬다.

❸

썰어 놓은 재료를 프라이팬에 덖는다.

❹

덖은 재료를 비벼준다.

❺

비빈 재료를 떨어서 건조한다.

❻

떨어서 건조한 재료를 다시 덖는다.

....

❼

덖은 재료를 다시 비빈다.

....

❽

비빈 재료를 떨어서 건조한다.

....

❾

건조한 재료를 열처리한다.

....

❿

완성된 머위차를 포장하여 과정을 마무리한다.

자귀나무잎차

자귀나무는 콩과에 속하는 낙엽활엽 소교목으로 꽃이 아름답고 화려하다. 생약명은 '합혼목' 또는 '합환목'이다. 부부의 금실을 상징하므로 산과 들에서 자라는 나무이지만 마당에 정원수로 심기도 한다. 자귀대의 손잡이를 만드는 데 사용되는 나무였기 때문에 자귀나무라고 하며 소가 잘 먹는다고 '소쌀나무'라고 부르는 곳도 있다.

콩깍지 같은 열매가 바람이 불면 흔들려 소리를 내기 때문에 '여설수'라고도 하고, 낮에 펼쳐졌던 잎이 해가 지면 서로 마주 보며 접힌다고 해서 '사랑나무'라고도 부른다. 여름부터 가을 사이에 채취한 잎을 햇볕에 말린 뒤 잘게 썰어 약재로 사용한다.

●채취 시기

4~6월에 자귀나무 잎을 채취하여 차 재료로 사용한다.

●자귀나무의 효능

신경쇠약, 불면증, 임파선염, 인후염, 골절상, 회충 구제, 건망증, 타박상, 가슴이 답답한 증세, 허리와 다리 통증에 좋다(꽃도 같은 효능). 나무껍질은 활혈, 진정 등의 효과가 있다.

자귀나무잎차 만들기

❶

자귀나무 잎을 채취하여 손질한다.

❷

손질한 재료를 1cm 정도로 썬다.

❸

썰어 놓은 재료를 프라이팬에 덖는다.

❹

덖은 재료를 비벼준다.

❺

비빈 재료를 떨어서 건조한다.

❻

떨어서 건조한 재료를 다시 덖는다.

❼

덖은 재료를 다시 비빈다.

❽

비빈 재료를 떨어서 건조한 다음
건조한 재료를 열처리한다.

❾

완성된 자귀나무잎차를 포장하여 과정을
마무리한다.

도라지차

도라지는 볕이 잘 드는 산기슭에서 자라는 초롱꽃과의 여러해살이 풀로 '도랏', '돌가지' 등으로도 불리며 한방명은 '길경桔梗'이다. 우리나라와 중국, 일본 등지에 분포하며, 7~8월에 하얀색 또는 보라색 꽃이 핀다.

수요가 점점 늘어남에 따라 농가에서 많이 재배하고 있으며, 최근에는 주택가에서도 도라지 밭을 흔히 볼 수 있다. 도라지는 보통 뿌리만 먹는 것으로 알고 있지만, 어린잎과 줄기도 데쳐서 나물로 먹을 수 있다. 한방에서는 호흡기 계통 질환에 효험이 있는 약재로 알려져 있어 다른 약재와 함께 처방하고 있다.

●**채취 시기**
5월부터 가을 사이에 채취한 뿌리를 차 재료로 사용한다.

●**도라지의 효능**
목구멍이 붓고 가래가 끓는 증세, 감기, 기침, 냉병 복통, 설사, 산후병, 부인병, 편도선염, 기관지염, 이질, 위산과다 등의 치료에 쓴다.

도라지차 만들기

❶

도라지 뿌리를 깨끗이 씻어 물기를 제거한 뒤
손질한다.

....

❷

손질한 재료를 얇은 두께로 썬다.

....

❸

썰어 놓은 재료를 프라이팬에 덖는다.

....

❹

덖은 재료를 건조한다.

❺

건조한 재료를 다시 덖는다.

....

❻

덖은 도라지를 열처리한다.

....

❼

완성된 도라지차를 포장하여 과정을
마무리한다.

두충차

두충은 두충과에 속하는 낙엽 교목으로 농촌에서 흔히 볼 수 있다. 나무껍질·잎·열매를 자르면 하얀 고무질이 나오는데, 나무껍질·잎·열매 모두 말려서 약재로 쓴다. 허리와 등골이 아픈 것을 치료하며 비위(지라와 위)를 보하는 효과가 있다. 또한 힘줄과 뼈를 튼튼하게 하고 다리가 시큰시큰한 것을 치료한다.

중국의 의학서《도경본초圖經本草》에서는 "강남지방 사람들은 두충나무 햇잎을 따서 먹는다. 오랫동안 쌓인 것, 장을 치료하고 몸이 허해지면서 뻣뻣해지는 것을 치료한다. 신로증과 허리와 등이 굽어드는 것을 치료한다. 껍질은 여름에 수육을 해서 먹으면 몸보신이나 원기회복에 좋다"고 전한다.

●채취 시기
5~6월에 잎을 채취하여 차 재료로 사용한다.

●두충의 효능
혈압강하, 보간신補肝腎, 신허요통, 근골 강화, 하지위약, 허리·무릎 통증, 관절염, 유산 방지, 강장, 진정, 진통, 소변이 잘 나오지 않는 증세 등에 효과가 있다.

두충차 만들기

❶

두충나무 잎을 깨끗이 손질한다.

....

❷

손질한 재료를 1~2cm 정도로 썬다.

....

❸

썰어 놓은 재료를 프라이팬에 덖는다.

....

❹

덖은 재료를 비벼준다.

....

❺

비빈 재료를 떨어서 건조한다.

❻

떨어서 건조한 재료를 다시 덖는다.

....

❼

덖은 재료를 다시 비빈다.

....

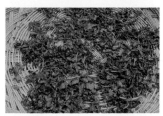

❽

비빈 재료를 떨어서 건조한다.

....

❾

건조한 재료를 열처리한다.

....

❿

완성된 두충차를 포장하여 과정을 마무리한다.

명아주차

　명아주는 명아주과에 속하는 한해살이풀로 '학향초'라고도 한다. 줄기가 가볍고 단단해서 예부터 지팡이를 만드는 최상의 재료로 사용된다. 잎은 서로 어긋나게 자리하며 마름모꼴에 가까운 계란형 또는 세모꼴에 가까운 계란형이고, 기다란 잎자루를 갖고 있다.

　어린순은 나물 또는 국거리로 먹고, 생즙을 장기간 복용하면 동맥경화를 예방할 수 있는데 꿀을 타서 마시면 좋다. 또한 해독 작용이 탁월하여 모기와 벌한테 쏘였을 때 즙을 내서 바르기도 한다.

　언젠가 강의를 앞두고 집 담장을 보수하다가 왕벌에 쏘인 적이 있다. 다행히 곧바로 명아주 잎을 찧어 환부에 발랐더니 가라앉아 무사히 강의를 마칠 수 있었다.

● **채취 시기**

5～6월에 잎과 줄기를 채취하여 차 재료로 사용한다.

● **명아주의 효능**

꽃이 피기 전에 채취하여 햇볕에 말려 사용하는데 생풀도 쓰인다. 건위, 강장, 해열, 살균 등에 사용하며 대장염, 장염, 설사에도 좋다.

명아주차 만들기

❶

명아주 잎과 줄기를 깨끗이 손질한다.

....

❷

손질한 재료를 프라이팬에 덖는다.

....

❸

덖은 재료를 비벼준다.

....

❹

비빈 재료를 떨어서 건조한다.

❺

떨어서 건조한 재료를 다시 덖는다.

....

❻

덖은 재료를 다시 비빈다.

....

❼

비빈 재료를 떨어서 건조한다.

....

❽

건조한 재료를 열처리한다.

....

❾

완성된 명아주차를 포장하여 과정을
마무리한다.

밀나물차

 밀나물은 백합과에 속하는 여러해살이 덩굴풀이다. 청미래덩굴과 비슷한데 잎겨드랑이의 덩굴손으로 다른 물체를 감아 뻗는다. 전국의 산기슭, 강기슭, 들판 등의 밝은 덤불에서 자란다.

노화를 방지하고 근육을 풀어주며 혈액순환을 원활하게 해준다. 어린순은 맛이 달고 연해서 나물 중에 아주 고급 나물 재료로 사용되며, 봄에 된장국 맛을 돋운다. 튀김으로 먹기도 하는데, 간장보다는 소금을 찍어 먹는 쪽이 더 맛이 좋다.

●채취 시기
5~6월에 순과 잎을 채취하여 차 재료로 사용한다.

●밀나물의 효능
근육과 뼈의 통증, 풍습성 사지 마비, 결핵성 골수염, 두통, 현기증 등의 치료에 도움이 된다. 타박상 치료에도 쓰인다.

밀나물차 만들기

❶

밀나물 순과 잎을 채취하여 손질한다.

❷

손질한 재료를 1~2cm 정도로 썬다.

❸

썰어 놓은 재료를 프라이팬에 덖는다.

❹

덖은 재료를 비벼준다.

❺

비빈 재료를 떨어서 건조한다.

❻

떨어서 건조한 재료를 다시 덖는다.

❼

덖은 재료를 다시 비빈다.

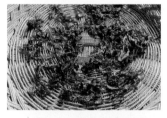

❽

비빈 재료를 떨어서 건조한 다음
열처리한다.

❾

완성된 밀나물차를 포장하여 과정을
마무리한다.

어성초차

어성초는 삼백초과의 여러해살이풀로 습지에서 잘 자란다. 잎은 달걀모양의 심장형으로 고구마 잎 또는 메밀 잎과 비슷하게 생겨 순 우리말로는 '약모밀'이라 부른다. 풀 전체에서 생선 비린내 같은 고약한 냄새가 나서 '어성초'라 부르며, 일본에서는 10가지 약효가 있다 하여 '십약'이라 부른다.

어성초가 항바이러스, 항균 작용, 피부 트러블 개선 등의 효능을 지닌 유용한 산야초라고 알려지면서 보습 효과를 이용한 비누나 화장품이 최근 앞다투어 출시되고 있다. 어성초가 갖고 있는 이뇨 작용은 황달, 소염 작용은 방광염, 신장염, 피부염의 치료에 쓰인다.

●**채취 시기**
5~6월에 잎과 줄기를 채취하여 재료로 사용한다.

●**어성초의 효능**
해열, 소염, 해독, 소종(消腫, 부은 종기나 상처를 치료함) 등에 효과가 있다. 폐렴, 기관지염, 인후염, 이질, 수종(水腫, 수분대사가 원활하지 않아 생기는 부종), 대하증, 자궁염, 치질, 습진 등의 치료에 쓴다.

어성초차 만들기

❶

어성초 잎과 줄기를 깨끗이 손질한다.

....

❷

손질한 재료를 말린다.

....

❸

말린 재료를 분쇄기에 넣어 분쇄한다.

❹

분쇄한 재료를 팬에 넣어 볶는다.

❺

완성된 어성초차를 밀폐 용기에 넣어
보관한다.

익모초차

익모초는 두해살이풀로 키는 1m 이상 자란다. 눈을 밝게 해주고 정精을 보하며 부은 것을 내리고, 오래 먹으면 몸이 좋아진다. 피가 거슬러 오르고, 열이 나고, 머리가 아프고, 속이 답답한 것을 치료한다. 또한 두드러기가 나거나 가려울 때 줄기를 달여 목욕하면 좋다. 여성들의 생리불순, 생리통을 완화시켜주는 효과가 있으며 우울증, 기억력 장애, 불안감 감소 등에 좋다.

익모초는 몸을 따뜻하게 해주는 성질을 갖고 있다. 옛날 시골에서는 시집갈 여성에게 익모초 즙을 내서 장독대에서 하룻밤 이슬을 맞힌 뒤 먹였는데, 이는 이슬의 해독 작용을 활용하여 몸 건강에 이롭게 한 사례이다.

● **채취 시기**

꽃이 피기 전인 5~6월에 줄기를 베어 그늘에 말려 차 재료로 사용한다.

● **익모초의 효능**

혈액순환 및 갱년기 증상 개선, 이뇨 등에 좋다.

❶

익모초 잎과 줄기를 깨끗이 손질한다.

❷

썰어 놓은 재료를 프라이팬에 덖는다.

❸

덖은 재료를 비벼준 뒤 재료를 떨어서
건조한다.

❹

떨어서 건조한 재료를 다시 덖는다.

❺

덖은 재료를 다시 비빈다.

....

❻

비빈 재료를 떨어서 건조한다.

....

❼

건조한 재료를 열처리한다.

....

❽

완성된 익모초차를 포장하여 과정을
마무리한다.

인동초차

인동초는 꼭두서니목 인동과에 속하는 반상록활엽 덩굴성 관목으로 우리나라 전역의 산에서 자란다. 봄·여름·가을·겨울에 늘 잎이 푸르게 살아 있어 '인동초'라 부른다. '인동덩굴', '인동초', '금은등'이라고도 하고, 꽃의 색이 흰색으로 피었다가 노란색으로 변해서 '금은화'라고도 한다. 잎·줄기·꽃 모두 약재로 쓰인다.

옛날부터 잎을 차의 재료로 사용해왔는데, 유자열매 속에 인동초 잎을 넣은 뒤 발효시켜 떡차를 만들어 먹기도 한다.

●채취 시기
5~7월에 잎을 채취하여 차의 재료로 사용한다.

●인동초의 효능
꽃은 해열, 해독, 소종, 수렴(收斂, 기를 끌어들여 모으는 작용), 감기, 이질, 장염, 임파선종 등에 효과가 있다. 잎과 줄기는 꽃의 효능에 더하여 근육과 뼈의 통증, 소변이 잘 나오지 않는 증세 등의 치료에 쓴다.

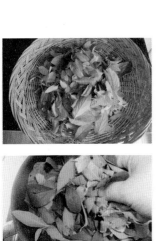

❶

인동초 잎을 깨끗이 손질한다.

❷

썰어 놓은 재료를 프라이팬에 덖는다.

❸

덖은 재료를 비벼준다.

❹

비빈 재료를 떨어서 건조한다.

❺

떨어서 건조한 재료를 다시 덖는다.

❻

덖은 재료를 다시 비빈다.

❼

비빈 재료를 떨어서 건조한다.

❽

건조한 재료를 열처리한다.

❾

완성된 인동초차를 포장하여 과정을
마무리한다.

칡차

 칡은 콩과에 속하는 낙엽활엽 덩굴성 식물로 뿌리는 '갈근'이라 하고 하고 약재로 쓴다. 뿌리의 녹말은 '갈분'이라 부르며 식용한다.

중국 당나라의 의학자 진장기陳藏器는 "생칡뿌리는 어혈을 풀고 술독을 푼다. 몸에서 열이 나는 것과 소변이 빨갛고 잘 나오지 않는 것을 치료한다. 칡뿌리를 먹으면 음식을 먹지 않아도 배가 고프지 않다"고 했다.

또 당나라의 유명한 본초학자 일화자日華子도 "칡은 가슴속의 열기, 속이 답답한 것을 치료하고, 소장을 잘 통하게 하고 고름을 빨아내며 어혈을 풀어준다. 뱀이나 벌레에게 물린 데도 칡뿌리를 붙이며, 독화살에 맞은 상처에 찜질을 하면 독이 풀린다"고 했다.

●채취 시기
5~7월에 순과 잎을 채취하여 차 재료로 사용한다.

●칡의 효능
당뇨병, 숙취 해소, 고혈압, 두통, 협심증에 효과가 있다. 발한, 해열, 두통, 고혈압, 뒤통수가 당기는 증세, 설사, 귀울림(이명) 등의 치료약으로 쓴다.

칡차 만들기

❶

칡 순과 잎을 채취하여 손질한다.

❷

손질한 재료를 얇은 두께로 썬다.

❸

썰어 놓은 재료를 프라이팬에 덖는다.

❹

덖은 재료를 비벼준다.

❺

비빈 재료를 떨어서 건조한다.

❻

떨어서 건조한 재료를 다시 덖는다.

....

❼

덖은 재료를 다시 비빈다.

....

❽

비빈 재료를 떨어서 건조한다.

....

❾

건조한 재료를 열처리한다.

....

❿

완성된 칡차를 포장하여 과정을 마무리한다.

개똥쑥차

국화과의 한해살이풀로 '잔잎쑥', '개땅쑥'이라고도 불린다. 길가나 빈터, 강가에서 자라는데 높이는 1m 정도이며 특이한 냄새가 난다. 원래 그다지 관심을 못 받는 풀이었만 뛰어난 항암 효과가 알려진 뒤 인기가 치솟았다.

한방에서는 발열감기, 학질, 소아경기, 소화불량, 이질 등의 치료에 사용하기도 하는데, 찬 성질을 갖고 있으므로 몸이 냉한 사람은 설사나 배탈을 일으킬 수 있다. 특히 암 환자는 보통 사람보다 체온이 낮으니 단시간에 많은 양을 먹지 않도록 주의해야 한다.

쓴맛이 나서 그냥 먹기는 좀 불편하므로 차, 환, 효소, 즙의 형태로 복용하면 좋다. 차로 만들 때는 줄기의 굵기가 5mm 미만인 것을 써야 하며, 그보다 굵은 것은 잎만 떼어서 쓴다.

●채취 시기
6월 중순부터 하순까지 잎과 줄기를 채취하여 차의 재료로 사용한다.

●개똥쑥의 효능
항암, 면역력 증진, 소화 촉진, 간 기능 회복, 해열, 소염 작용 등의 효능이 있다.

개똥쑥차 만들기

❶
개똥쑥 잎과 줄기를 깨끗이 손질한다.

....

❷
썰어 놓은 재료를 프라이팬에 덖는다.

....

❸
덖은 재료를 비벼준다.

....

❹
비빈 재료를 떨어서 건조한다.

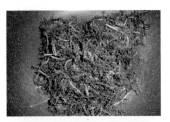

 ❺

떨어서 건조한 재료를 다시 덖는다.

 ❻

덖은 재료를 다시 비빈다.

 ❼

비빈 재료를 떨어서 건조한 다음
열처리한다.

 ❽

완성된 개똥쑥차를 포장하여 과정을
마무리한다.

쑥차

쑥은 국화과의 여러해살이풀로 다양한 효능을 갖고 있어서 옛날부터 만병통치약으로 불렸다. 모세혈관을 강화하는 작용이 뛰어나 혈압이 높아도 혈관이 터지지 않게 하고, 눈이 충혈되었을 때나 핏발이 섰을 때 쑥 잎을 달여 마시면 얼마 지나지 않아 핏발이 사라진다.

쑥은 위장을 튼튼하게 해주는데 이는 위장 점막의 혈행을 원활하게 하는 기능 덕분이다. 또한 대장의 수분 대사를 조절하여 장 운동을 촉진하고, 점액 분비를 도와 변을 부드럽게 하므로 변비 해소에 도움을 준다. 알칼리성 식품인 쑥을 먹으면 체질을 개선할 수 있고, 잘못된 식습관 탓으로 산성 체질이 된 현대인들이 혈액 속 백혈구 수치를 늘려 면역력을 높일 수 있다.

●채취 시기
음력 5월 5일 단오 전후에 쑥 잎과 줄기의 윗부분을 채취하여 사용한다.

●쑥의 효능
지혈, 이담, 해열, 진통, 거담 등에 효과가 있다. 월경불순, 월경과다, 대하증, 혈변, 감기, 복통, 소화불량, 천식, 기관지염, 만성간염, 설사 등의 치료에 쓴다. 옴이나 습진을 다스리는 약으로도 쓰인다.

❶

쑥 잎과 줄기를 깨끗이 손질한다.

❷

손질한 재료를 프라이팬에 덖는다.

❸

덖은 재료를 비벼준다.

❹

비빈 재료를 떨어서 건조한다.

❺

떨어서 건조한 재료를 다시 덖는다.

....

❻

덖은 재료를 다시 비빈다.

....

❼

비빈 재료를 떨어서 건조한다.

....

❽

건조한 재료를 열처리한다.

....

❾

완성된 쑥차를 포장하여 과정을
마무리한다.

쇠무릎차

　쇠무릎은 비름과에 속하는 여러해살이풀로 줄기마디가 소의 무릎을 닮았다 해서 '우슬牛膝'이라고도 부른다. 관절염과 뼈에 좋아 예로부터 술을 담가(우슬주) 마시기도 한다.

　요즘은 닭다리와 함께 삶아서 먹는 것으로 발전했고, 어린순을 나물로 무치거나 국에도 넣어 먹는다. 다소 쓴맛이 나므로 데쳐서 사용한다. 단, 약재로 쓸 때는 이른 봄 또는 가을에 채취하여 잔뿌리를 따 버리고 말려 사용한다.

●채취 시기
6~8월에 순을 채취하여 차 재료로 사용한다.

●쇠무릎의 효능
관절염, 무릎 통증, 타박상, 이뇨, 통경, 진통, 산후 어혈로 인한 복통 등의 치료에 쓴다. 신장 결석으로 소변을 못 보면서 통증이 있거나 소변에 피가 섞일 때, 고혈압과 두통 완화, 뇌혈관의 경련을 이완시켜주기도 한다.

쇠무릎차 만들기

❶

쇠무릎의 순을 깨끗이 손질한다.

....

❷

손질한 재료를 프라이팬에 덖는다.

....

❸

덖은 재료를 비벼준다.

....

❹

비빈 재료를 떨어서 건조한다.

❺

떨어서 건조한 재료를 다시 덖는다.

❻

덖은 재료를 다시 비빈다.

❼

비빈 재료를 떨어서 건조한다.

❽

건조한 재료를 열처리한다.

❾

완성된 쇠무릎차를 포장하여 과정을
마무리한다.

마디풀차

마디풀과에 속하는 한해살이풀로 생약명으로 '분절초'라고 한다. 잎과 줄기 사이에 마디가 있다고 해서 마디풀이라고 부른다. 밭 가장자리나 야산, 들의 양지에서 잘 자라는 산야초로 성장력이 매우 왕성하다. 풀의 전체 높이는 30~40cm 정도이고, 잎은 긴 타원형이며, 6~7월에 녹색 바탕에 흰빛 또는 붉은빛이 도는 잔꽃이 잎겨드랑이에서 하나 또는 몇 개가 달려 핀다.

어린잎은 나물로 식용하고, 전초全草를 건조시킨 것은 '편축'이라고 하여 약재로 쓴다. 어린순은 묵나물로 사용하며 줄기와 잎은 약재로 쓴다.

●**채취 시기**
6~7월 꽃이 필 때 풀포기 전체를 채취하여 차 재료로 사용한다.

●**마디풀의 효능**
이뇨 작용과 살균 효과가 좋다. 소변이 잘 나오지 않는 증세, 장염, 대하증, 회충 구제, 습진 등의 치료에 쓴다.

마디풀차 만들기

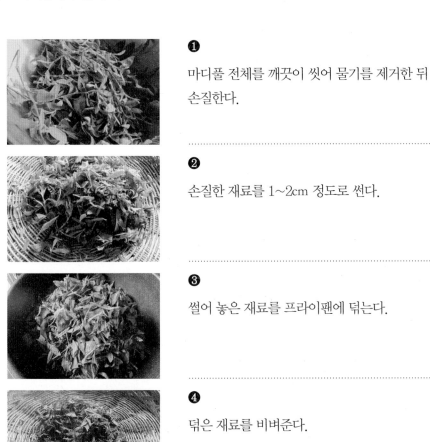

❶

마디풀 전체를 깨끗이 씻어 물기를 제거한 뒤 손질한다.

❷

손질한 재료를 1~2cm 정도로 썬다.

❸

썰어 놓은 재료를 프라이팬에 덖는다.

❹

덖은 재료를 비벼준다.

❺

비빈 재료를 떨어서 건조한다.

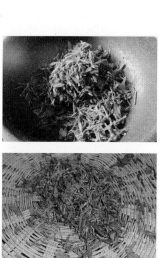

❻

떨어서 건조한 재료를 다시 덖는다.

....

❼

덖은 재료를 다시 비빈다.

....

❽

비빈 재료를 떨어서 건조한다.

....

❾

건조한 재료를 열처리한다.

....

❿

완성된 마디풀차를 포장하여 과정을
마무리한다.

엄나무잎차

 엄나무는 두릅나뭇과에 속하는 낙엽활엽수 교목으로 가지에 많은 가시가 돋아 있다. '음나무', '엄목'이라고도 하며, 지방에 따라 '개두릅나무'라고 부르기도 한다. 잎은 둥글며 가장자리가 5~9개로 깊게 갈라진다.

이른 봄에 새순을 채취하여 살짝 데쳐 초고추장에 찍어서 먹으면 맛이 좋다. 엄나무 가지는 삼계탕 등 한여름 보양식 재료로 사용하는데, 가지를 넣은 오리고기 백숙은 여성에게 아주 좋다. 특히 엄나무 껍질은 물에 담가 우려내어 눈을 씻거나 살이 벌겋게 된 것을 치료할 수 있으며, 이것으로 발줄(그물추 매다는 줄)을 만들면 물에 잠겨 있어도 썩지 않는다. 한방에서는 나무껍질을 약재로 쓴다.

● 채취 시기
6~7월에 잎을 채취하여 차 재료로 사용한다.

● 엄나무의 효능
관절염, 설사, 암, 버짐, 종기, 옴, 피부병 등 염증 질환, 신경통, 풍습으로 인한 마비와 통증 등에 효과가 크다. 허리와 다리를 잘 쓰지 못하거나 감각이 없는 증상, 넓적다리와 무릎이 아픈 증상 등을 치료한다.

엄나무잎차 만들기

❶

엄나무 잎을 깨끗이 손질한다.

....

❷

손질한 재료를 1~2cm 정도로 썬다.

....

❸

썰어 놓은 재료를 프라이팬에 덖는다.

....

❹

덖은 재료를 비벼준다.

....

❺

비빈 재료를 떨어서 건조한다.

❻

떨어서 건조한 재료를 다시 덖는다.

❼

덖은 재료를 다시 비빈다.

❽

비빈 재료를 떨어서 건조한다.

❾

건조한 재료를 열처리한다.

❿

완성된 엄나무잎차를 포장하여 과정을
마무리한다.

2

질경이차

　질경잇과에 속하는 여러해살이풀로 '차천초', '부이'라고도 한다. 잎과 씨는 모두 이뇨, 해열, 거담, 진해의 효능을 갖고 있다. 생약명으로 잎을 '차전', 씨는 '차전자'라고 한다. 질경이는 리어커나 경운기가 지나가는 산길에서 흔히 볼 수 있으며, 사람이나 동물이 밟고 지나가도 살아남을 만큼 자생력과 번식력 뛰어난 산야초이다.

　새순은 된장국과 음식 궁합이 잘 맞는다. 봄부터 초여름까지 잎과 뿌리를 나물로 먹거나 국을 끓여 먹으며 생잎을 쌈으로 먹기도 한다. 장아찌, 질경이밥, 질경이 비빔밥도 별미이다.

● 채취 시기
6~7월에 잎과 줄기를 채취하여 차 재료로 사용한다.

● 질경이의 효능
피부 곰팡이를 억제하는 효능이 있어서 피부궤양이나 상처에 찧어 붙이면 좋다. 천식, 각기, 관절통, 안구충혈, 위장병, 만성간염, 늑막염, 부인병, 산후복통, 심장병, 고혈압, 신경쇠약, 두통, 뇌 질환, 축농증, 변비, 천식, 백일해, 기침, 구토 등 다양한 증상의 치료에 쓰인다.

❶

질경이 잎과 줄기를 깨끗이 손질한다.

❷

손질한 재료를 프라이팬에 덖는다.

❸

덖은 재료를 비벼준다.

❹

비빈 재료를 떨어서 건조한다.

❺

떨어서 건조한 재료를 다시 덖는다.

❻

덖은 재료를 다시 비빈다.

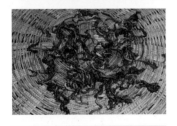

❼

비빈 재료를 떨어서 건조한 다음
열처리한다.

❽

완성된 질경이차를 포장하여 과정을
마무리한다.

달맞이꽃차

 달맞이꽃은 바늘꽃과에 속하는 두해살이풀로 '금달맞이꽃', '야래향', '월견초'라고도 한다. 들에 흔한 산야초로 여름부터 가을에 걸쳐 피며, 달이 뜰 무렵 피었다가 해가 뜨면 시드는 습성이 있다. 잎은 길쭉한 피침모양으로 끝이 뾰족하고 가장자리에 약간의 톱니가 있다.

뿌리와 잎을 약재로 쓰고, 생약명은 '월하향'이다. 뿌리는 가을에 채취해 햇볕에 말리고, 쓰기 전에 잘게 썬다. 잎은 그때그때 채취해 생것을 쓴다. 달맞이꽃 종자유(씨앗 기름)에는 리놀산과 리놀렌산, 감마리놀렌산 등 당뇨, 고혈압, 비만 등에 좋은 성분이 함유되어 있다. 이른 봄에는 어린싹을 나물로 먹는데, 매운 맛이 있으므로 데쳐서 잠깐 찬물에 담근 뒤 사용한다.

●채취 시기
7~9월에 순과 잎을 채취하여 차의 재료로 사용한다.

●달맞이꽃의 효능
해열과 소염 효능을 갖고 있으며 비만증, 피부염, 감기, 기관지염, 고혈압, 비만증, 여성 질환 등의 치료에 쓴다.

❶

달맞이꽃 순과 잎을 깨끗이 손질한다.

....

❷

손질한 재료를 프라이팬에 덖는다.

....

❸

덖은 재료를 비벼준다.

....

❹

비빈 재료를 떨어서 건조한다.

❺

떨어서 건조한 재료를 다시 덖는다.

....

❻

덖은 재료를 다시 비빈다.

....

❼

비빈 재료를 떨어서 건조한다.

....

❽

건조한 재료를 열처리한다.

....

❾

완성된 달맞이꽃차를 포장하여 과정을
마무리한다.

까마중잎차

 까마중은 가짓과의 한해살이풀로 많은 가지를 치면서 70cm 안팎의 크기로 자란다. 꽃은 5~7월에 백색으로 피며, 열매는 구형으로 검게 익는다. 전초를 약재로 쓰며, 맛은 쓰지만 약간 달며 성질은 서늘하다. 어린잎을 삶아서 독성을 우려낸 뒤 나물로도 먹으며, 열매는 식용한다.

중국 의학서 《당본초》, 《도경본초》, 《본초강목》에서는 열을 내리고, 소변이 잘 나오게 해주고, 원기를 돕고, 잠을 적게 자게 하고, 종기로 인한 독과 타박상의 어혈을 다스리며, 갖가지 광석물의 독을 푸는 작용이 있다고 적고 있다.

●채취 시기
여름에 잎을 채취하여 차의 재료로 사용한다.

●까마중의 효능
몸속에 쌓인 독을 풀어주고 각종 암 치료에 효과가 탁월하다. 해열, 이뇨, 소종, 기침 해소, 혈액순환 등의 효능이 있다. 중풍을 예방하고, 남성의 원기를 상승시키며, 여성의 어혈을 풀어준다. 열매를 오래 먹으면 눈이 밝아지는데, 열매의 아트로핀이라는 성분이 눈동자를 크게 하므로 안구조절근육 마비로 인한 근시 환자에게 도움이 된다.

까마중잎차 만들기

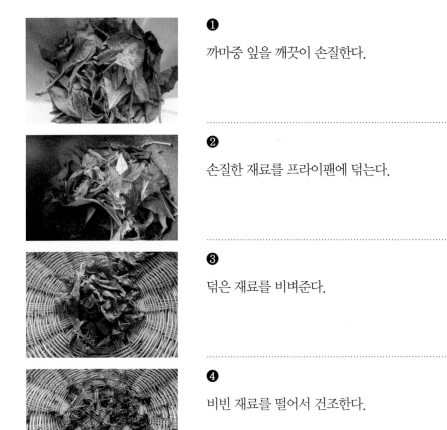

❶

까마중 잎을 깨끗이 손질한다.

....

❷

손질한 재료를 프라이팬에 덖는다.

....

❸

덖은 재료를 비벼준다.

....

❹

비빈 재료를 떨어서 건조한다.

❺

떨어서 건조한 재료를 다시 덖는다.

❻

덖은 재료를 다시 비빈다.

❼

비빈 재료를 떨어서 건조한다.

❽

건조한 재료를 열처리한다.

❾

완성된 까마중잎차를 포장하여 과정을
마무리한다.

산초차

산초나무는 운향과의 낙엽활엽 관목으로 나무의 열매를 '산초'라고 한다. 8~9월에 흰 꽃이 피고, 열매는 녹갈색으로 식용하거나 약용한다. 산기슭 양지에서 볼 수 있다.

중부지방 또는 경남지역에서 추어탕이나 생선의 비린내 제거에 산초 열매의 가루를 쓰는데, 특히 일본에서는 많은 음식에 향신료로 사용되고 있다. 산초는 항바이러스 치유제이고 아토피 등 피부질환에 좋은 산야초이다.

●채취 시기

7~8월에 열매와 잎을 채취하여 차의 재료로 사용한다.

●산초의 효능

건위, 아토피, 구충, 해독 등에 효과가 있다. 또 소화불량, 급체, 위하수(胃下垂, 위 처짐), 위확장, 구토, 이질, 설사, 기침, 회충 구제 등의 치료에 쓴다.

산초차 만들기

❶

산초 열매와 잎을 깨끗이 손질한다.

❷

손질한 재료를 1~2cm 간격으로 썰어서
햇볕에 말린 뒤, 말린 재료를 분쇄기에 넣어
분쇄한다.

❸

분쇄한 재료를 팬에 넣어 볶는다.

❹

완성된 산초차를 밀폐 용기에 넣어
보관한다.

삼백초차

 삼백초는 습한 땅에서 자라는 여러해살이풀로 잎과 꽃, 그리고 뿌리가 희기 때문에 '삼백초'라고 한다. 잎은 마디마다 서로 어긋나게 자리하며 꽃은 6~8월에 핀다. 우리나라의 한의서인《동의보감》,《향약집성방》에도 삼백초가 기록되어 있다.

삼백초는 여러 가지 효능이 있지만 특히 항암 작용이 강하다. 중국에 사는 박순식이라는 조선족 여의사는 삼백초와 짚신나물 등을 이용해서 갖가지 말기암 환자 80명을 90퍼센트 이상 고쳤다고 한다. 특히 폐암, 간암, 위암 치료에 효과가 탁월하다고 한다.

●채취 시기

7~8월에 전초(꽃, 잎, 줄기)를 채취해 차의 재료로 사용한다.

●삼백초의 효능

해독 및 이뇨 작용이 매우 뛰어나다. 공해물질 중독, 소변이 잘 나오지 않는 증세, 간장병으로 인한 복수, 신장염, 부종, 수종水腫, 염증 치료와 예방, 변비, 부인병, 해열, 거담, 건위(健胃, 위를 튼튼하게 함), 소종, 간염·간경화 같은 간장 질환, 당뇨병 치료에도 효과가 있다. 심장병, 중풍, 뇌졸중의 원인이 되는 고혈압·동맥경화 치료와 예방에 효과가 크다. 또한 위장병, 황달, 뱀에 물렸을 때에도 쓰인다.

❶

삼백초 풀포기 전체를 잘게 썬다.

....

❷

손질한 재료를 말린다.

....

❸

말린 재료를 분쇄기에 넣어 분쇄한다.

❹

분쇄한 재료를 팬에 넣어 볶는다.

❺

완성된 삼백초차를 밀폐 용기에 넣어
보관한다.

생강나무잎차

　생강나무는 녹나뭇과에 속하는 낙엽활엽 교목으로 '단양매', '새앙나무', '아구사리'라고도 한다. 다른 나무에 앞서서 잎이 펼쳐지기 전에 꽃이 피는데 암꽃과 수꽃이 각기 다른 나무에서 달린다. 꽃이 지고 나면 둥근 열매를 맺으며 가을에 검게 익는다.

　어린잎은 데쳐서 나물로 먹고, 씨는 '산후추'라 하여 약재로 쓰거나 기름을 내어 머릿기름으로 쓴다. 특히 전라북도 정읍 지역 이북으로는 녹차나무가 자라지 않으므로 생강나무잎차로 녹차를 대용하기도 한다. 가지 또한 달여서 차로 음용한다.

●채취 시기
7~8월에 잎을 채취하여 차 재료로 사용한다(차 재료로 꽃은 4~5월, 가지는 10~11월에 채취하여 쓸 수 있다).

●생강나무의 효능
산후풍에 특효약으로 쓰인다. 오한, 복통, 신경통, 멍든 피로 인한 통증, 발을 헛디뎌 삐었을 때, 타박상이나 어혈 등의 치료에 쓴다.

❶

생강나무 잎을 깨끗이 손질한다.

❷

손질한 재료를 말린다.

❸

말린 재료를 분쇄기에 넣어 분쇄한다.

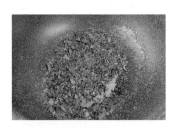

❹
분쇄한 재료를 팬에 넣어 볶는다.

❺
완성된 생강나무잎차를 밀폐 용기에 넣어
보관한다.

쇠비름차

쇠비름은 다육질의 한해살이풀로 줄기는 털이 없고 통통하며 붉은 색을 띠고 있다. 예부터 우리 선조들은 '오행초五行草'라고 불렀다. 붉은색 줄기는 화火, 검은색 씨앗은 수水, 초록색 잎은 목木, 흰색 뿌리는 금金, 노란색 꽃은 토土를 상징한다. 오래 먹으면 늙어도 머리가 세지 않고 장수한다 하여 '장명채長命菜'라고도 불렸다.

1만 6천 년 전 구석기 시대 유적인 그리스의 한 동굴에서는 쇠비름 씨앗이 발견되었는데, 이로써 인류가 일찍부터 쇠비름을 식용했다는 것을 알 수 있다.

●채취 시기

씨앗이 여무는 시기인 7~8월 사이에 전초를 채취해 쓴다(씨가 생기기 전이거나 뿌리가 없는 것은 제대로 된 '오행초'라 할 수 없다).

●쇠비름의 효능

오메가3 성분이 많고, 뼈·관절 퇴화 치료에 특효가 있다. 꾸준히 섭취하면 심장병, 고혈압, 당뇨병에 효과가 있고, 암이나 자가면역질환도 호전된다고 한다. 신경통, 해열, 소변이 잘 나오지 않는 증세, 임질, 요도염, 대하증, 임파선염, 종기, 마른버짐, 벌레에 물린 상처 등에 효과가 있다.

❶

쇠비름 풀포기 전체를 깨끗이 씻어서 물기를
제거한다.

❷

물기를 제거한 재료를 1~2cm 간격으로 썰어서
햇볕에 말린다.

❸

말린 재료를 분쇄기에 넣어 분쇄한다.

❹
분쇄한 재료를 팬에 넣어 볶는다.

❺
완성된 쇠비름차를 밀폐 용기에 넣어
보관한다.

으름덩굴차

으름덩굴은 으름덩굴과에 속하는 낙엽활엽 덩굴나무로 생약명은 '목통'이다. 으름덩굴의 순, 잎, 줄기, 꽃으로 만든 차를 일컫는 '목통차'라는 이름은 생약명에서 유래했다. 어린잎을 데쳐서 나물로 먹고, 익은 열매는 과실로 먹는다. 뿌리와 줄기는 약재로 쓴다.

필자는 어린시절에 여름방학이 되면 산야초 가운데 특히 으름덩굴을 채취하여 용돈을 벌기도 했다. 그 당시(마을 이장님이나) 약초장사꾼이 으름덩굴을 사서 일본으로 수출했기 때문이다.

● **채취 시기**

7∼8월에 순과 줄기를 채취하여 차 재료로 사용한다.

● **으름덩굴의 효능**

이뇨, 진통, 수종水腫, 신경통, 관절염 등에 효과가 있다. 소변이 잘 나오지 않는 증세, 월경이 나오지 않는 증세, 젖 분비 부족 등의 치료에 쓴다.

❶

으름덩굴 순과 줄기를 채취하여 손질한다.

....

❷

손질한 재료를 프라이팬에 덖는다.

....

❸

덖은 재료를 비벼준다.

....

❹

비빈 재료를 떨어서 건조한다.

❺

떨어서 건조한 재료를 다시 덖는다.

....

❻

덖은 재료를 다시 비빈다.

....

❼

비빈 재료를 떨어서 건조한다.

....

❽

건조한 재료를 열처리한다.

....

❾

완성된 으름덩굴차를 포장하여 과정을
마무리한다.

한삼덩굴차

한삼덩굴(환삼덩굴)은 삼과에 속하는 한해살이풀로 길가나 도랑가, 황무지, 논두렁, 밭두렁 등에서 흔히 볼 수 있다. 농작물이나 나무 등을 감아오르는데, 덩굴져 자라는 줄기에 갈고리 모양의 잔가시가 있어 살짝 스치기만 해도 피부에 상처가 난다. 손바닥 모양으로 갈라진 잎에는 가장자리에 규칙적인 톱니가 있고 양면에 거친 털이 나 있다.

혈압강하 작용이 뛰어나 고혈압으로 인한 수면 장애, 두통, 시력 장애, 심장이 답답한 증상에 효과가 있다. 이른 봄에 어린순을 채취해 살짝 데쳐서 나물로 무쳐 먹으면 고혈압 환자에게 좋다. 한삼덩굴 끓인 물로 아토피, 습진 등의 환부를 씻어 내거나 그 물에 목욕을 해도 좋다. 벌레 물린 부위에 한삼덩굴을 잘 빻아서 환부에 올려두면 가려움증이 가라앉는다.

● 채취 시기
7~8월에 순과 잎을 채취하여 차 재료로 사용한다.

● 한삼덩굴의 효능
감기, 해열, 이뇨, 방광염, 임질성 혈뇨, 임파선염, 건위, 소종 등에 효과가 있다. 소화불량, 이질, 설사, 학질, 화병 등의 치료에 쓴다.

❶

한삼덩굴 순과 잎을 깨끗이 손질한다.

❷

손질한 재료를 프라이팬에 덖는다.

❸

덖은 재료를 비벼준다.

❹

비빈 재료를 떨어서 건조한다.

❺

떨어서 건조한 재료를 다시 덖는다.

❻

덖은 재료를 다시 비빈다.

❼

비빈 재료를 떨어서 건조한다.

❽

건조한 재료를 열처리한다.

❾

완성된 한삼덩굴차를 포장하여 과정을
마무리한다.

3

닭의장풀차

닭의장풀은 닭의장풀과에 속하는 한해살이풀로 전국 각지에 널리 분포하며 길가나 밭 가장자리에서 흔히 볼 수 있다. '달개비', '계거초', '계장초'라고도 한다. 잎은 대나무 잎과 비슷하며 밑동이 줄기를 감싸고 있다. 꽃잎은 세 장인데 위쪽 두 장은 크고 하늘색이며 아래쪽 한 장은 흰색이다.

봄에는 순을 꺾어 나물로 쓴다. 채소류와 같은 방법으로 요리하는데, 닭고기와 조개와 함께 끓이거나 튀김으로 먹으면 아주 별미다. 어린잎과 줄기도 식용하고, 꽃은 염색용 색소로 사용된다.

● **채취 시기**

꽃이 피는 8〜9월에 꽃, 잎, 줄기를 채취하여 차 재료로 사용한다.

● **닭의장풀의 효능**

해열, 해독, 소종 등의 효과가 있다. 간염, 당뇨, 황달, 혈뇨, 소변이 잘 나오지 않는 증세, 월경이 멈추지 않는 증세 등의 치료에 쓴다.

닭의장풀차 만들기

❶

닭의장풀 꽃, 잎, 줄기를 깨끗이 손질한다.

....

❷

손질한 재료를 말린다.

....

❸

말린 재료를 분쇄기에 넣어 분쇄한다.

❹

분쇄한 재료를 팬에 넣어 볶는다.

....

❺

완성된 닭의장풀차를 밀폐 용기에 넣어
보관한다.

32

오미자차

오미자나무는 오미자과의 낙엽활엽 덩굴나무이다. 열매를 '오미자'라고 하는데, 시고 짜고 달고 쓰고 매운 다섯 가지 맛이 난다고 해서 붙여진 이름이다. 다섯 가지 맛이 나는 만큼 간장, 심장, 비장, 폐장, 신장 등 오장에 두루두루 좋은 재료이다.

《동의보감》에는 "오미자는 폐와 신장을 보하고 피곤함, 목마름, 번열, 해소 등을 낫게 한다"고 기록되어 있다. 오미자에 함유된 비타민 E와 C는 항산화 작용이 뛰어나 노화를 예방한다. 또 두뇌를 각성시켜주고, 피로를 풀어주며, 시력과 기억력을 증진시켜준다.

●채취 시기
8~9월에 덜 익은 열매를 채취하여 차의 재료로 사용한다.

●오미자의 효능
기관지가 약한 사람이 오미자 우린 물을 마시면 기침이 멎고 감기에도 효과가 있다. 심장을 강하게 하고 혈압을 내리며 면역력을 높여주어 강장제로 쓴다. 폐 기능을 강하게 하고 기침이나 갈증을 치료하는 데 도움이 된다. 유정(遺精, 성교를 하지 아니하고 무의식중에 정액이 몸 밖으로 나오는 일), 음위, 식은땀, 입안이 마르는 증세, 급성 간염 등의 치료에도 쓴다.

오미자차 만들기

❶

오미자 열매를 깨끗이 손질한다.

....

❷

말린 재료를 분쇄기에 넣어 분쇄한다.

❸

분쇄한 재료를 팬에 넣어 볶는다.

....

❹

완성된 오미자차를 밀폐 용기에 넣어
보관한다.

3

차즈기차

차즈기는 꿀풀과에 속하는 한해살이풀로 '소엽', '차조기', '적소'라고도 부른다. 어린잎과 씨는 식용하고 잎과 줄기는 약재로 쓴다. 주로 밭에 심어 기르는데, 때로는 인가 주변에서 야생 상태로 자라는 것을 볼 수 있다. 들깻잎과 닮은 차즈기의 잎은 자줏빛이 돌고 향이 짙으며 '자소엽'이라 부르고, 차즈기 씨는 '소자'라고 부른다.

잎은 꽃 필 무렵에 사용하고, 씨는 가을에 털어 모아 햇볕에 말려 그대로 쓴다. 옛날 궁중음식에서는 향신료로 사용했는데 식중독 해독제로도 쓰였다. 요즘도 여름철 음식에 식중독 방지를 위해 사용하면 아주 좋다. 차즈기는 색과 향이 뛰어나 청량음료나 차 재료로 쓰는 등 활용도가 매우 훌륭한 산야초이다.

●채취 시기
꽃이 필 무렵인 8~9월에 잎과 줄기를 채취하여 차 재료로 사용한다.

●차즈기의 효능
해열, 거담, 건위, 해독, 감기, 오한, 기침, 구토, 소화불량, 생선에 의한 중독, 태동 불안 등의 치료에 쓴다.

❶

차즈기 잎, 줄기를 깨끗이 손질한다.

....

❷

손질한 재료를 말린다.

....

❸

말린 재료를 분쇄기에 넣어 분쇄한다.

❹

분쇄한 재료를 팬에 넣어 볶는다.

❺

완성된 차즈기차를 밀폐 용기에 넣어
보관한다.

탱자차

 탱자는 운향과에 속하는 낙엽활엽수로 높이 3m 정도까지 자란다. 꽃은 흰색으로 5월에 피고 잎겨드랑이에 한두 개씩 달린다. 귤과 비슷하게 생긴 열매는 9월에 황색으로 익는데 좋은 향을 내지만 과일로 먹을 수는 없다. 덜 익은 열매를 두세 조각으로 잘라 말린 것을 '지실枳實'이라 하고, 열매 껍질만 말린 것을 '지각枳殼'이라 하여 한방에서 약재로 사용한다.

지각은 건위제와 이뇨제, 관장제로 쓴다. 지실은 습진에 효과가 있고, 복통을 멎게 하는 작용과 처진 위를 끌어올리는 작용을 해서 울결이나 소화가 안 될 때 약으로 사용해왔다. 《동의보감》에는 두드러기를 치료하는 약재로 기록되어 있다.

●채취 시기
가을에 반쯤 익은 열매를 차 재료로 사용한다.

●탱자의 효능
건위, 이뇨, 거담, 진통, 이담 등에 효과가 있다. 소화불량, 변비, 복통, 위통, 위하수, 황달, 담낭 질환, 가슴과 배가 부풀어 오르는 증세, 자궁하수(子宮下垂, 자궁 처짐) 등의 치료에 쓴다.

❶

탱자 열매를 깨끗이 손질한다.

❷

손질한 재료를 얇은 두께로 썰어 말린다.

❸

말린 재료를 분쇄기에 넣어 분쇄한다.

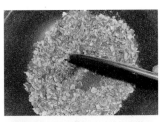

❹

분쇄한 재료를 팬에 넣어 볶는다.

❺

완성된 탱자차를 밀폐 용기에 넣어
보관한다.

구기자잎차

　구기자나무는 가짓과의 낙엽활엽 관목으로 높이 4m 정도까지 자라며, 가지에 가시가 있다. 잎은 달걀모양이고 끝이 뾰족하다. 여름에 자주색 꽃이 피고, 열매는 가을에 붉게 익는다. 어린잎은 나물로 먹고, 열매인 '구기자'는 차로 달여 먹거나 술을 담그기도 한다.

　《동의보감》에 따르면 구기자는 내상으로 몹시 피로하고 숨 쉬기도 힘든 것을 보하며, 힘줄과 뼈를 튼튼히 해주고, 양기를 북돋아주며, 5가지 피로와 7가지 신체 손상을 낫게 한다. 또한 정기를 보하고, 얼굴빛이 젊어지게 하며, 흰머리를 검게 하고, 눈을 맑게 해서 정신을 안정시키고 오래 살게 해주는 장수식품이라고 기록되어 있다.

●채취 시기
9~10월에 잎을 채취하여 차 재료로 사용한다.

●구기자의 효능
강장, 보양, 피부 미용, 탈모 예방 등에 효과가 있으며 간에 이롭다. 신체가 허약한 증세, 양기 부족, 신경쇠약, 폐결핵, 당뇨병, 만성간염, 현기증, 시력 감퇴 등의 치료에 쓴다.

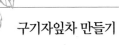

구기자잎차 만들기

❶

구기자 잎을 깨끗이 손질한다.

....

❷

손질한 재료를 프라이팬에 덖는다.

....

❸

덖은 재료를 비벼준다.

....

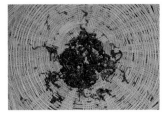

❹

비빈 재료를 떨어서 건조한다.

❺

떨어서 건조한 재료를 다시 덖는다.

....

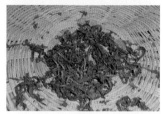

❻

덖은 재료를 다시 비빈다.

....

❼

비빈 재료를 떨어서 건조한다.

....

❽

건조한 재료를 열처리한다.

....

❾

완성된 구기자잎차를 포장하여 과정을
마무리한다.

구절초차

구절초는 국화과에 속하는 여러해살이풀로 우리나라 각처의 산지에서 많이 자라는 일종의 들국화이고, 생약명은 '선모초'이다.

음력 9월 9일이면 아홉 개의 마디가 생기는데 이 시기에 풀을 채취해야 가장 약효가 좋다고 하여 '구절초'라 부른다. 9~11월에 붉은색·흰색의 꽃이 줄기 끝에 핀다.

구절초는 몸을 따뜻하게 하는 성질이 있어 몸이 냉한 현대 여성들에게 유익하다. 몸을 따뜻하게 해주고 소화에 도움을 줌은 물론 자궁냉증, 불임증 등의 부인병 약으로 널리 쓰인다. 구절초는 모양이 아름다워 관상용으로도 가치가 높으며, 재배도 가능하다.

● 채취 시기
9~10월에 풀포기 전체를 채취하여 차의 재료로 사용한다.

● 구절초의 효능
이뇨, 지혈, 변통 등에 효과가 있다. 변비, 소화불량, 황달, 혈변, 자궁출혈 등의 치료에 쓰고, 옴이나 종기, 류머티즘, 음부 습진에도 쓴다.

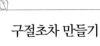

구절초차 만들기

❶

구절초 풀포기 전체를 깨끗이 손질한다.

❷

손질한 재료를 프라이팬에 덖는다.

❸

덖은 재료를 비벼준다.

❹

비빈 재료를 떨어서 건조한다.

❺

떨어서 건조한 재료를 다시 덖는다.

❻

덖은 재료를 다시 비빈다.

❼

비빈 재료를 떨어서 건조한다.

❽

건조한 재료를 열처리한 다음 완성된
구절초차를 포장하여 과정을 마무리한다.

3

당귀차

당귀는 산형과의 두해살이풀 또는 세해살이풀로 '신감채', '승검초' 등으로도 불린다. 약성이 온화하고 맛은 달면서 쓰다. 어린잎을 나물로 먹고, 어린순도 약간 매운맛이 있지만 향긋하고 씹히는 맛이 좋아 식용한다. 다만 쓴맛이 있으므로 가볍게 데쳐 찬물에 한두 번 헹궈 조리하는 것이 좋다. 뿌리는 차로 달여 마시거나 술을 담가 먹는다.

혈액순환 촉진, 진통 효과가 있으며 보혈 작용이 뛰어나고 체내의 저항력을 증강시킨다. 자궁출혈이 심할 때는 사용하지 않아야 하고, 장기간 또는 다량 투여하는 것을 삼가도록 한다. 당귀 달인 물로 세수하면 미백과 좋은 향이 나는 효과가 있어서 옛날 궁녀들이 많이 사용했다고 한다.

●채취 시기
10월~이듬해 3월까지 뿌리를 채취하여 차 재료로 사용한다.

●당귀의 효능
팔다리와 허리의 냉증, 생리통, 히스테리, 갱년기장애, 고혈압, 보혈진정, 월경불순 등에 효능이 있고 멍든 피를 풀어준다. 신체 허약, 두통, 현기증, 근육 관절통 및 신경통, 변비, 복통, 타박상 등의 치료에 쓴다.

당귀차 만들기

❶

당귀 뿌리를 잘 손질한다.

....

❷

손질한 재료를 말린다.

....

❸

말린 재료를 분쇄기에 넣어 분쇄한다.

❹

분쇄한 재료를 팬에 넣어 볶는다.

....

❺

완성된 당귀차를 밀폐 용기에 넣어
보관한다.

둥굴레차

둥굴레는 산과 들에 저절로 나는 백합과의 여러해살이풀이다. 뿌리는 황백색으로 살이 많고 굵어 옆으로 길게 뻗는데, 이 둥근 뿌리에 굴레 모양의 마디가 많아서 '둥굴레'라는 이름이 붙었다. 잎 모양이 대나무 잎과 비슷해서 '옥죽'이라고도 부르고, 약재로 쓸 때는 '황정'이라 해서 신선들이 먹는 차로 알려져 있다.

뿌리줄기를 말려서 수시로 음용하면 뼈가 튼튼해지고 머리가 세는 것을 막는 등 노화를 억제한다. 병을 앓고 난 뒤 체력이 떨어지고 입맛이 없을 때 먹으면 식욕을 촉진하고 소화를 돕는다.

불면증에도 효과가 있는데, 트립토판이라는 성분이 긴장을 완화시키고 뇌를 진정시켜 숙면을 돕는다. 단, 둥굴레는 몸을 차게 하는 성질이 있어 설사 환자나 평소 몸이 냉한 사람은 주의해야 한다.

●채취 시기
10월~이듬해 3월에 뿌리를 채취하여 차 재료로 사용한다.

●둥굴레의 효능
자양, 강장, 불면증, 목마름 등에 효과가 있다. 심장쇠약, 협심증, 당뇨병, 폐결핵, 마른기침, 구강건조증, 빈뇨증 등의 치료에 쓴다.

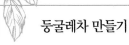

둥굴레차 만들기

❶

둥굴레 뿌리를 채취하여 손질한다.

❷

손질한 재료를 얇은 두께로 썬다.

❸

썰어 놓은 재료를 프라이팬에 덖는다.

❹

덖은 재료를 떨어서 건조한다.

❺

건조한 재료를 다시 덖는다.

❻

닦은 재료를 다시 떨어서 건조한다.

❼

건조한 재료를 다시 프라이팬에 닦는다.

❽

닦은 재료를 다시 떨어서 건조한다.

❾

건조한 재료를 열처리한다.

❿

완성된 둥굴레차를 포장하여 과정을
마무리한다.

39

삽주차

삽주는 국화과에 속하는 여러해살이풀로 뿌리줄기를 '창출'이라 하여 약재로 쓴다. 어린순이나 잎은 나물 재료 가운데 매우 고급에 속한다. 옛날에 어떤 사람이 전쟁을 피해 산으로 들어갔다가 먹을 것을 찾아 헤맬 때 신선이 나타나 삽주를 채취해서 먹으라고 알려줘 목숨을 구했다는 전설이 있다. 이처럼 삽주는 구황식물이자 장수식품으로도 알려져 있다.

중국 송나라 때 의서인 《본초도경》에서는 "몸과 얼굴에 풍증이 생긴 것, 풍사로 어지러우면서 머리가 아픈 것, 눈물이 나오는 것, 설사가 멎지 않는 것 등을 치료한다. 또한 허리와 배꼽에 피가 잘 돌게 하고, 위를 덥혀주고, 소화가 잘되게 하며, 입맛을 좋게 한다. 오랫동안 먹으면 몸이 거뜬해지고, 오래 살며, 배고픔을 모른다"고 전한다.

●채취 시기
10월~이듬해 3월에 뿌리를 채취하여 차 재료로 사용한다.

●삽주의 효능
위장에 특히 좋은 산야초로 소화불량, 위장염, 해독, 이뇨, 진통, 건위, 신장 기능 장애로 인한 빈뇨증, 팔다리 통증, 감기 등의 치료에 쓴다.

삽주차 만들기

 ❶

삽주 뿌리를 깨끗이 손질한다.

....

 **❷**

손질한 재료를 1cm 정도로 썬다.

....

 **❸**

썰어 놓은 재료를 분쇄한다.

❹

분쇄한 재료를 팬에 넣어 볶는다.

❺

완성된 삽주차를 밀폐 용기에 넣어
보관한다.

40

청미래덩굴잎차

청미래덩굴은 백합과에 속하는 낙엽활엽 덩굴성 관목으로 산골짜기나 계곡에서 흔히 볼 수 있다. 굵고 살이 많고 울퉁불퉁하게 생긴 땅속줄기를 생약명으로 '토복령'이라 부른다. 줄기와 가지의 마디에는 갈고리처럼 생긴 예리한 가시가 돋쳐 있다.

잎은 원형 또는 넓은 타원형으로 앞면이 두껍고 윤이 나며, 천연 방부제 성분이 많이 들어 있다. 청미래덩굴잎은 '망개잎'이라고도 부르며, 떡을 망개잎에 싸서 만들면(망개떡) 여름에도 쉽게 상하지 않는다. 열매는 익으면 빨갛고 단맛이 난다. 어린순과 잎을 나물로 먹고, 옛날에는 흉년에 땅속줄기를 캐어 녹말을 만들어 먹었다고 한다.

● **채취 시기**
10월~이듬해 3월에 잎을 채취해서 차 재료로 사용한다.

● **청미래덩굴의 효능**
수은중독 · 공해 해독, 이뇨, 거풍祛風 등에 효과가 있다. 근육마비, 관절통증, 장염, 이질, 수종水腫, 임파선염, 대하증 등의 치료에 쓴다.

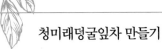

청미래덩굴잎차 만들기

❶

청미래덩굴 잎을 깨끗이 손질한다.

....

❷

손질한 재료를 말린다.

....

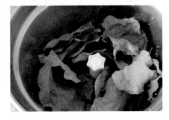

❸

말린 재료를 분쇄기에 넣어 분쇄한다.

ⓒ한국의수목

❹

분쇄한 재료를 팬에 넣어 볶는다.

❺

완성된 청미래덩굴잎차를 밀폐 용기에 넣어
보관한다.

4

돼지감자차

돼지감자는 국화과의 여러해살이풀로 '뚱딴지'라고도 한다. 흔히 심어서 재배하는데 인가 근처 풀밭에서 야생하기도 한다. 맛이 없어서 돼지의 먹이로 준다 하여 '돼지감자'라고 부른다. 줄기에 짧고 빳빳한 털이 나 있고 뿌리에는 감자처럼 생긴 덩이줄기가 달린다. 잎은 가장자리에 톱니가 있으며, 작은 해바라기처럼 생긴 노란 꽃이 핀다.

돼지감자는 '천연 인슐린의 보고'라고 극찬을 받는데, 혈당을 낮춰주는 이눌린 성분이 일반 감자의 약 75배나 들어 있기 때문이다. 맛은 일반 감자를 씹는 맛과 우엉 맛을 동시에 가졌고, 차 맛은 둥굴레차와 비슷하다.

●채취 시기

자색 돼지감자는 늦가을, 흰색 돼지감자는 이른 봄에 뿌리를 채취하여 차 재료로 사용한다.

●돼지감자의 효능

당뇨병, 다이어트, 비만증, 변비, 골절, 타박상, 해열, 지혈 등에 도움이 된다. 진통 및 자양 강장 효과도 있다고 알려져 있다. 민간에서 신경통, 류머티즘 치료에 약으로 쓴다.

돼지감자차 만들기

❶

돼지감자 뿌리를 깨끗이 손질한다.

❷

손질한 재료를 얇게 썰어서 말린다.

❷

말린 재료를 분쇄기에 넣어 분쇄한다.

©국가생물종지식정보시스템

❹

분쇄한 재료를 팬에 넣어 볶는다.

❺

완성된 돼지감자차를 밀폐 용기에 넣어
보관한다.

참마차

 참마는 백합목 마과에 속하는 덩굴성 여러해살이풀로 위와 장에 좋다. 원기둥 모양의 육질 뿌리가 있으며, 줄기는 뿌리에서 나와 길이 2m 정도로 뻗고 다른 물체를 감아 올라간다.

《동의보감》에는 "따뜻하고 맛이 달며, 허약한 몸을 보해주고, 오장을 채워주며, 근육과 뼈를 강하게 하고, 위장을 잘 다스려 설사를 멎게 하며, 정신을 편안하게 한다"고 설명되어 있다.

참마의 대표적 효능은 건위, 강정强情 작용이다. 건위 작용은 위장·비장 등 소화기 기능을 강화해 입맛을 돋우고 소화력을 증진시키는 것이며, 강정 작용은 전신의 허탈 증세를 낫게 하는 것이다. 참마가 위에 좋은 이유는 디아스타아제라는 소화효소가 풍부하기 때문이다.

●채취 시기
늦가을과 이른 봄에 뿌리를 캐어 차 재료로 사용한다.

●참마의 효능
폐와 비장에 이롭고 자양 강장에 특히 효과가 있다. 신체 허약, 폐결핵, 당뇨병, 야뇨증, 정액 고갈, 유정, 대하증, 빈뇨증 등의 치료에 쓰인다.

참마차 만들기

❶

참마 덩이뿌리를 깨끗이 손질한다.

....

❷

손질한 재료를 말린다.

....

❸

말린 재료를 분쇄기에 넣어 분쇄한다.

 ❹

분쇄한 재료를 팬에 넣어 볶는다.

....

❺

완성된 참마차를 밀폐 용기에 넣어
보관한다.

겨우살이차

겨우살이는 겨우살잇과의 여러해살이 상록 관목이다. 말린 겨우살이를 오래 두면 황금빛으로 변해서 '황금가지'라고도 부른다. 스스로 광합성을 하면서 다른 나무에 기생하여 부족한 영양분을 얻는데, 참나무, 뽕나무, 떡갈나무, 버드나무, 밤나무, 소나무, 동백나무 등 키 큰 나무를 숙주로 한다. 여름에는 큰 나무의 그늘 때문에 햇빛이 부족해서 자라지 못하다가 가을에 큰 나무의 잎이 떨어지면 꽃을 피우고, 겨울 동안에 구슬처럼 생긴 연한 노란빛의 열매를 맺는다.

겨우살이는 성질이 차지도 덥지도 않으므로 체질에 관계없이 쓸 수 있으며, 오래 병을 앓아 몸이 몹시 쇠약해졌을 때 꾸준히 먹으면 기운이 나고 부작용도 없다.

●채취 시기
12월~이듬해 3월에 잎과 줄기를 채취하여 차 재료로 사용한다.

●겨우살이의 효능
항암에 특효가 있다고 알려졌고, 강장, 진통, 안태, 혈압강하 등에 효과가 있다. 동맥경화, 고혈압, 당뇨, 신경통, 관절통, 풍습으로 인한 통증, 소변이 잘 안 나오는 증세, 월경이 멈추지 않는 증세 등의 치료에 쓴다.

겨우살이차 만들기

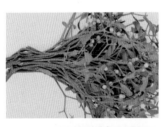

❶
겨우살이 잎과 줄기를 깨끗이 손질한다.

....

❷
손질한 재료를 말린다.

....

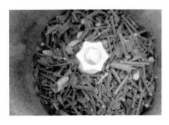

❸
말린 재료를 분쇄기에 넣어 분쇄한다.

❹

분쇄한 재료를 팬에 넣어 볶는다.

....

❺

완성된 겨우살이차를 밀폐 용기에 넣어
보관한다.

3장

정성과 손맛이 담긴
발효건강차

1. 일상다반사, 차 한잔 하자!

'일상다반사日常茶飯事'라는 말에는 차를 마시는 것처럼 일을 풀어보자는 의미가 담겨 있다. 다茶는 맑은 정신을, 반飯은 건강한 음식을, 사事는 일을 상징한다. 정신과 몸이 건강해야 일을 제대로 풀어갈 수 있다는 생각이 고스란히 반영된 말이다.

차는 자신의 내면으로 들어가 일에 대해 다시 생각해 볼 수 있는 '여유'이다. 차 한잔에 담긴 기운과 깊은 의미를 알아야 한다.

일을 잘하기 위해서는 차를 마시는 '자리'가 필요하다. 차 마시는 자리를 제대로 활용하면 일을 제대로 볼 수 있는 눈을 갖게 되기 마련이다. 마음을 다스리기 어려운 상태, 몸이 지치고 힘든 사람일수록 차 마시는 자리를 더 많이 만들어야 한다. 한 단계 한 단계 일을 잘 풀어나가려면 건강한 두뇌가 필요하고, 바른 생각을 하는 것이 중요하며, 마음을 잘 다스릴 수 있어야 한다.

'효소액을 이용한 발효건강차 만들기' 체험이 널리 확산되어 산야초와 약초의 효능뿐 아니라 잡초라고 버려졌던 것들이 원래의 가치를 회복하고, 건강한 일상생활을 위해 활용될 수 있기를 바란다.

그래서 최근 필자가 가장 관심을 갖고 사용하는 용어는 '소통·상생·융합'이다. 발효건강차를 만들기 위해 재료를 재배하거나 구매하고자 할 때 소비자와 공급자 간에 서로 믿을 수 있는가의 문제가 발생하기 때문이다.

소비자는 재료가 유기농인지 아닌지, 가격은 정당한지 등등 궁금한 것이 많을 수밖에 없다. 거기에 답을 주고 서로 신뢰를 쌓을 수 있는 가장 좋은

방법은 소비자들이 직접 산야초를 채취해서 만들어보고 먹어볼 수 있는 체험의 장을 마련하는 것이다. 이런 체험이야말로 올바른 소비자와 공급자 또는 생산자 간의 원활한 '소통'을 만들어갈 것임을 믿는다.

그러려면 소비자와 생산자 모두에게 이로운 방향으로 올바른 가치를 세워 일을 풀어나가야 한다. 서로 잘하는 부분을 인정해주고 지지해주며 상생할 수 있도록 함께 성장해나갔으면 한다.

2. 발효, 그리고 정성과 손맛

원시시대에 인간은 생식을 했으며 효소를 비롯한 단백질의 소화력과 영양 흡수가 아주 낮았다. 생식의 소화흡수율은 30% 내외였으며 그마저도 독성을 갖고 있었다. 먹이사슬로 보면 사슴과 비슷한 단계이다.

시간이 지나면서 인간은 불을 사용해 고기를 익혀 먹었고, 그사이 조금씩 지혜가 생겨났다. 화식의 소화흡수율은 50% 정도이다. 인간은 음식을 익혀 먹으면서 해독 능력을 갖게 되었음은 물론 먹이사슬의 최고까지 올라갔다.

인류의 음식문화에 또 한 번 어마어마한 성장을 가져다준 것은 '발효'의 발명이었다. 발효음식은 전 세계로 퍼져나갔으며, 소화흡수율이 70%까지 끌어올려졌다. 된장은 콩에 있는 단백질을 분해시켜 아미노산을 얻기 위한 발효, 김치는 유산균을 효율적으로 섭취할 수 있는 젖산 발효, 술은 알코올 분해 발효이다. 막걸리는 전분 발효이다.

효소액은 당분 발효라고 할 수 있는데, 당분 속에 있는 미네랄과 단백질 등을 효소화해서 먹는 시대가 되었다. 그리고 효소를 담글 때 중요한 것은 바로 '손맛'과 '정성'이다.

발효효소가 건강에 유익하다는 소문을 들은 사람들은 그 효능에 재빨리 관심을 가졌고, 신체의 건강과 바른 생각을 지속하기 위해서는 발효가 매우 중요하다는 사실을 인식하게 된다. 시간이 흐르면서 효소를 담그는 경험이 늘고, 차츰 손맛과 정성이 더해지면서 발효효소에 대한 지식도 체계화되었다. 그러는 사이에, 정성은 좋은 생각을 하고 몸을 정갈하게 하고 마음을 좋게 쓰도록 하였다. 그러다 보니 자연히 몸에 좋은 기운이 흐르게 되고 그 기운이 손을 통해 누군가에게 전달되었다. 이처럼 효소는 생명의 근원인 산과 들의 좋은 기운과 만드는 이의 마음이 손을 통해 전달되고 순환하는 훌륭한 음식문화이다.

국어사전에 효소는 "생물의 세포 안에서 합성되어 생체 속에서 이루어지는 거의 모든 화학반응의 촉매 구실을 하는 고분자 화합물을 통틀어 이르는 말"이라고 풀이되어 있다.

즉 효소는 음식이 우리 몸 안에 들어와 소화되는 과정에서 음식을 흡수 가능한 영양분으로 변화시키는 촉매 역할을 한다. 효소는 소화 흡수를 돕는 역할뿐 아니라 몸속 노폐물과 독소를 배출해 신진대사를 촉진시키고, 면역력을 강화해 각종 질병을 예방한다.

인간에게 필요한 효소는 약 2,000가지인데 체내에서 저절로 만들어지는 체내효소와 식품에 존재하는 식품효소로 나뉜다. 곡식·과일·채소 등 익히지 않고 먹는 모든 식품에도 효소가 들어 있는데 이것이 식품효소이다.

대개의 효소는 온도가 35~45℃에서 활성이 가장 크고 65℃ 이상 가열하면 죽는다고 알려져 있다. 그러므로 고온으로 조리한 음식을 먹는 것보다 싱싱한 과일이나 채소를 먹는 게 효소 보충에 더 용이하다. 된장·고추장·간장·김치 등 집에서 만들어 먹는 발효식품도 몸에 부족한 효소를 보충해주지만 65℃ 이상 가열하면 효소는 다 죽는다.

이러한 효소의 특성을 고려하여 요즘에는 된장 한 가지만 해도 다양한 조리법이 연구되고 있다. 된장은 1년 숙성된 것보다는 3년 숙성된 것이, 3년 숙성된 것보다는 5년 숙성된 것이 더 좋다. 오래 숙성될수록 미생물이 더욱 활성화되기 때문이다.

이제 된장을 단순하게 끓여 먹는 국과 찌개 요리는 그만하고, 맛난 된장 소스를 만들어 산야초와 함께 먹자. 이것이 바로 발효시대에 더 신나고 즐거운 요리의 시작이다.

3. 발효건강차의 전성시대

발효건강차를 만드는 데 있어서 가장 중요한 것은 만드는 사람의 생각이다. 그리고 다음으로 중요한 것이 재료의 채취 시기이다.

한방에서 도라지 등 식물의 뿌리를 약재로 사용할 때는 늦가을에서 이른 봄에 채취하는데, 이 시기에 약효가 되는 성분이 뿌리로 모이기 때문이다.

도라지는 잎에 단풍이 들고, 씨가 여무는 동안 좋은 성분을 모두 뿌리로 내리고 모공을 닫은 뒤 뿌리 윗부분을 없앤다. 겨울이 지나 봄이 되어 땅에 수분이 생기면 뿌리가 다시 물을 흡수해

싹을 틔우고, 여름에는 잎과 줄기가 빠르게 성장하며, 가을에는 열매를 맺고 씨앗을 맺는 생명활동의 순환을 반복한다.

이런 원리로 식물을 약재로 쓸 때는 사용하려는 부위에 생명의 기운이 집중되는 시기를 따져 채취하는 것이다.

꽃은 꽃이 피었을 때, 잎이나 줄기는 잎이 무성할 때, 열매는 성숙되었을 때, 나무껍질은 한여름 물기가 많을 때, 뿌리는 겨울을 준비하는 가을에 약효가 가장 좋다.

지금은 발효의 시대다. 특히 우리 민

족은 전통적으로 발효문화를 발전시켜 왔고, 지금도 일반 가정에서 김치, 된장, 간장, 식초, 술 등 수없이 많은 발효음식을 예사로 먹으며 살고 있다.

이처럼 훌륭한 발효문화를 가진 우리가 지금까지 음식 맛을 내는 데만 집중했다면 앞으로는 재료에 들어 있는 성분과 효능을 따져 잘 먹는 쪽으로 더 관심을 기울여야 할 것이다.

25년 이상 발효효소를 만들다 보니 초기에 발효 방법에 대해 공부하던 때가 문득 생각난다.

효소 만드는 것은 좋은데 기술적인 부분이 어려워서 많은 사람들이 포기하는 상황이었다. 그때 우리 조상들이 종초를 이용해서 씨간장을 만들 듯이, 잘 만들어진 효소액을 이용해 한약재와 산야초를 발효시켜 연구를 성공시킨 쾌감은 지금 생각해도 짜릿하다.

이제 우리는 미리 담가 놓은 포도 효소액과 배 효소액, 그리고 제철 산야초만 있으면 언제 어디서나 쉽게 발효건강차를 만들 수 있게 되었다.

4. 서양과 우리나라의 발효 방법 차이

(1) 서양의 발효 방법

모든 생명체는 환경에 의해서 생명을 유지하는 방법을 찾는다. 서양은 잡균들이 잘 번식할 수 있는 환경을 갖고 있다. 그 때문에 발효법도 잡균을 없애기 위해 살균을 하거나, 반대로 좋은 균을 찾아내 배양하는 방법을 활용했다.

(2) 우리나라의 발효 방법

우리나라는 곰팡이균이 잘 번식하는 환경을 갖고 있다. 그래서 우리 발효음식은 곰팡이균을 없애는 방법을 주로 사용해왔다.

발효 용기를 예로 들어보자. 항아리를 사려고 하면 팔도의 항아리 생김새가 천차만별이다. 전라도 항아리는 둥글고, 경기도 항아리는 길쭉하고, 경상도 항아리는 입 부분이 넓다. 그 이유는 습기를 조절하기 위한 방법으로 지역 상황에 맞춰 특색 있게 제작했기 때문이다.

우리 발효문화는 환경을 잘 사용하는 것이 특징으로, 일부러 살균할 필요가 없었다. 골라 온 항아리에 된장을 담은 뒤 곰팡이균이 생기지 않게 위에다 숯과 붉은 고추를 놓았을 뿐이다. 산소가 필요치 않은 미생물을 활성화하는 방법을 터득한 결과였다. 당연히 1년 발효한 된장보다는 3년 발효한 된장, 5년 발효한 된장이 더 좋다. 우리의 발효는 오래 숙성할수록 좋은 방식이다.

발효건강차 만드는 기본 도구

설탕

물

배 효소액

포도 효소액

분쇄기

유리용기

5. 효소액으로 발효건강차 만드는 법

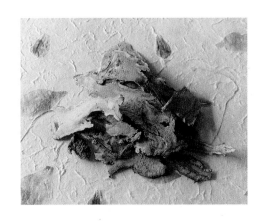

1) 준비하기

청정지역에서 채취한 산야초 원재료를 준비하고, 재료의 물기를 제거한다. 물기가 남아 있으면 발효 과정에서 곰팡이가 생길 수 있다.

발효건강차를 처음 담가보거나 처음 접하는 재료로 담글 때는 재료를 100g만 준비해서 3~4kg 용기를 사용해야 실패할 확률이 적다.

그리고 많은 양의 발효건강차를 담글 때는 항아리를 이용하는 것이 좋다. 재료의 비율은 산야초1 : 효소액2 : 물20 : 설탕4가 적당하다.

2) 분쇄하기

햇볕에 말린 재료를 분쇄기에 담아
분쇄한다.

3) 용기에 담기

유리 용기에 재료를 넣는다. 물
2,000cc를 담고 설탕 400g 중 200g
을 사용한다.

4) 발효시키기

효소액을 넣고 용기 뚜껑을 닫으면 발효에 들어간다. 발효 용기는 직사 광선이 들지 않으며 바람이 잘 통하는 곳에 놓는다. 이때 나사형 뚜껑을 너무 꽉 닫으면 발효 과정에서 가스가 분출되지 못해 폭발할 수 있고, 느슨하게 닫으면 공기가 유입되어 곰팡이가 생길 수 있다. 한 박자만 덜 조인다는 생각으로 닫아주는 것이 좋다.

5) 설탕 1~2회 추가하기

발효에 들어가면 설탕이 조금씩 사라지며 거품이 나고 발효가 빨라진다. 그때 설탕을 조금 사용한다. 또다시 발효가 촉진되면 설탕을 추가한다.

※ 발효기간
발효기간은 원재료에 따라 각각 다르다. 짧은 것은 1주일에서 긴 것은 2개월 이상 진행된다. 거품이 사라지고 아무런 활동이 없으면 발효가 끝난 것이다.

6) 거르기

발효가 끝나면 재료를 걸러내어 원액만 용기에 담는다. 원액을 거를 때는 고운체를 사용해서 재료가 원액과 완전히 분리되도록 한다.

7) 보관 방법 및 음용

냉장고에 보관해서 먹으면 된다. 하루에 원액 30cc씩 2회 먹는다. 또는 원액 30cc에 물 150cc를 섞어 하루 2~3회 정도 먹으면 좋다.

4장

발효건강차
만들기

발효건강차의 촉매재
효소액 담그기

모든 산야초에는 효소 성분이 들어 있다. 그중에서 포도와 배가 발효건강차를 만드는 촉매재로 쓰이는 것도 효소 함유량이 많기 때문이다.

첫째, 포도에는 효모가 많아 미생물 발효를 촉진시켜주기 때문에 원재료가 갖고 있는 고유의 성분을 빼내는 데 도움이 된다.

둘째, 배는 자신을 희생시키면서 다른 재료의 성분을 부각시켜주는 성질이 있어, 원재료가 갖고 있는 맛이나 향을 극대화해준다. 그리고 배는 스스로 갖고 있는 공용량의 효소 함량을 첨가하는 것에 더해 원재료의 색을 유지시켜주는 데에도 도움을 준다. 그러므로 색이 연한 원재료에는 배를 사용하는 게 이상적이다.

포도 효소액을 이용하는 산야초	질경이, 우슬(쇠무릎), 닭의장풀, 맥문동, 삽주, 귤껍질(진피)
배 효소액을 이용하는 산야초	민들레, 구기자, 당귀, 둥굴레, 생강나무

포도 효소액

포도는 과즙이 풍부하고 포도당, 과당 등의 당분과 비타민이 들어 있어 피로회복에 좋다. 스트레스를 풀어주는 구연산, 신진대사를 원활하게 해주는 비타민 A, B1, C, D 등이 풍부하게 함유되어 있다. 특히 포도는 껍질과 씨가 좋은데, 발효과정을 거친 포도액은 흡수력이 높아져 어린이의 성장에 아주 좋은 효능을 발휘한다.

● 재료

포도 1kg : 백설탕 800g

● 채취 시기

늦여름(8월 20일~9월 20일경)에 채취한 익은 열매를 사용한다.

● 포도의 효능

① 포도 열매

　– 조혈 작용이 있어 빈혈에 복용한다.

　– 포도와 생지황 즙을 식전에 복용하면 소변보는 데 좋다.

　– 항산화 효과가 뛰어나 체내 콜레스테롤 축적을 개선한다.

　– 포도 껍질의 색소 성분에 항암 작용이 있다.

　– 심혈관 질환을 예방한다(심혈관 질환 예방효과는 과피, 열매, 씨 순).

② 포도 씨

　– 간 보호 작용으로 숙취 해소에 좋으며, 미백 효과가 있어 화장품 원료로 이용된다.

포도 효소 담그기

❶

포도 열매를 깨끗이 손질한다.

❷

용기 바닥에 백설탕을 1~3cm 두께로
깔아준 뒤 포도알을 까거나 따서
백설탕을 넣고 버무린다.

❸

딴 포도알과 버무린 포도알을 용기에 70%
정도 오도록 담는다.

❹

포도가 안 보이게 설탕으로 덮어주고 밀봉하여
발효에 들어간다. 용기는 직사광선이 없고
통풍이 잘되는 곳에 둔다.

....

❺

발효가 되기 시작하면 위의 설탕을 먹게 된다.
설탕이 70% 녹았을 때 남겨둔 50%의 설탕을
나누어 다시 덮어주고 밀봉하는 과정을 2~3회
반복한다.
특히 포도알에는 수분이 많으므로
설탕을 잘 덮어주는 등 세심한 관리가
필요하다. 발효기간은 환경에 따라 차이가
큰데, 짧으면 45일 내외이고 보통 2~3개월
정도 걸린다.

....

❻

발효가 끝나면 재료를 걸러내고 원액만
숙성용기에 담는다. 숙성은 6개월 이상
필요하다.

배 효소액

 배는 고대 그리스의 시인 호메로스가 '신의 선물'이라고 찬양했을 정도로 시원하고 달콤한 맛을 자랑한다. 중국 역사서 《신당서新唐書》 에는 발해의 오얏(자두)과 배 등이 소개되어 있고, 우리나라 역사서 《고려사》〈식화지食貨志〉에도 배나무에 관한 기록이 나온다. 이 기록 들은 우리 민족이 오래전부터 배를 먹어왔다는 것을 증명한다.

예부터 배는 해열제 등의 민간요법 재료로 쓰여 왔다. 특히 고기를 잴 때 배즙을 넣으면 육질을 연하게 만들어주기 때문에 '배나무에 소 를 매면 고삐만 남는다'는 우스갯소리가 있을 정도다. 단단하고 과실 자체가 묵직한 것이 좋은 배를 고르는 기준이다.

● 재료
배 1kg : 황설탕 800g

● 채취 시기
제철인 추석 무렵부터 10월경까지의 열매가 가장 좋다.

● 배의 효능
① 기관지 질환의 예방과 치료에 효과적이다.
② 갈증 및 숙취 해소에 좋다.
③ 혈중 콜레스테롤 수치를 낮춰주며, 면역 기능을 높여준다.

배 효소 담그기

❶
배를 흐르는 물에 씻은 뒤 물기를 제거한다.

❷
배는 껍질과 씨방까지 모두 사용하는데,
6~8등분한 뒤 1~2cm 두께로 썬다.

❸
용기 바닥에 설탕 분량 중 50%의 일부를 부어
1~3cm 두께로 깔아준다.

❹
썰어 놓은 배에 ⑦번 과정에서 사용할 황설탕을
남겨놓고 나머지를 붓는다.

❺

세게 버무리지 말고 설탕을 살짝 묻힌다는
느낌으로 살살 버무린다.

....

❻

버무린 배를 용기에 70% 정도 오도록 담는다.

....

❼

④번 과정에서 남겨둔 설탕으로 배가 안 보이게
덮어 주고 밀봉하여 발효에 들어간다. 용기는
직사광선이 없고 통풍이 잘되는 곳에 둔다.

....

❽

발효가 되기 시작하면 위의 설탕을 먹게 된다.
설탕이 70% 녹았을 때 남겨두었던 50%의
설탕을 나누어 다시 덮어 주고 밀봉하는 과정을
2~3회 반복한다. 발효기간은 2~3개월이다.

....

❾

발효가 끝나면 재료를 걸러내고 원액만
숙성용기에 담는다. 숙성은 1년 이상이
필요하다.

민들레 발효건강차

　민들레는 국화과에 속하는 여러해살이풀로 꽃피기 전의 식물체를 생약명으로 '포공영'이라고 한다. 이른 봄의 어린순과 꽃을 함께 나물이나 국거리로 사용한다. 그러나 쓴맛이 강하므로 데쳐서 우려낸 다음 나물로 이용하면 좋다.

　뿌리와 줄기는 약재로 쓴다. 발효건강차로 만들 재료는 꽃이 피고 있는 시기에 채취해 사용한다. (2장 3. 민들레차 참조)

● 재료
민들레 100g : 배 효소액 200cc : 물 2,000cc : 설탕 400g

● 채취 시기
풀 전체(전초)를 차 재료로 사용한다. 잎, 줄기, 꽃은 4~5월에 채취하고, 뿌리는 10월~이듬해 3월까지 채취한다.

● 민들레의 효능
위염, 위궤양, 만성간염, 지방간, 만성장염, 천식, 기침, 신경통을 다스리는 효과가 있고 담즙 분비를 촉진한다. 감기로 인한 열, 기관지염, 늑막염, 간염, 담낭염, 소화불량, 변비, 유방염 등의 치료에 쓴다.

❶

민들레 전초를 깨끗이 손질하여 말린다.

❷

재료를 잘게 썬다.

❸

잘게 썬 재료를 분쇄한다.

❹

유리 용기에 분쇄한 재료를 넣은 뒤
물을 넣는다.

❺

설탕을 용기에 넣는다.

....

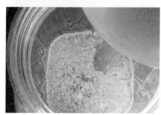

❻

배 효소액을 넣고 용기 뚜껑을 닫아
발효시킨다. 발효가 끝나면 끝나면 재료를
걸러내어 원액만 용기에 담는다.
원액을 거를 때는 고운체를 사용해서
재료가 원액과 완전히 분리되도록 한다.

....

❼

완성된 민들레 발효건강차 원액을 냉장고에
보관해두고 먹는다.

질경이 발효건강차

질경이는 질경잇과에 속하는 여러해살이풀로 '차천초', '부이'라고 한다. 생약명으로 잎을 '차전', 씨를 '차전자'라고 한다.

봄부터 초여름까지 잎과 뿌리를 나물, 국거리로 사용한다. 생잎을 쌈이나 나물로 먹기도 하고, 데쳐서 묵나물을 만들어 먹기도 한다. 잎은 여름에 채취하여 햇볕에 말려서 소변이 잘 나오지 않는 증세, 기관지염, 인후염, 간염, 혈뇨 등의 치료에 쓴다. 또 씨는 익는 대로 채취하여 그대로 말려서 방광염, 요도염, 기침, 고혈압 등의 치료에 사용한다. (2장 22. 질경이차 참조)

● **재료**

질경이 100g : 포도 효소액 200cc : 물 2,000cc : 설탕 400g

● **채취 시기**

6~7월에 잎과 줄기를 채취하여 차 재료로 사용한다.

● **질경이의 효능**

피부 곰팡이 억제효능이 있어서 피부궤양이나 상처에 찧어 붙이면 좋다. 천식, 각기, 관절통, 안구충혈, 위장병, 만성간염, 늑막염, 부인병, 산후복통, 심장병, 고혈압, 신경쇠약, 두통, 뇌 질환, 축농증, 변비, 천식, 백일해, 기침, 구토 등 다양한 증상의 치료에 쓰인다.

❶

질경이 잎과 재료를 깨끗이 손질하여 말린다.

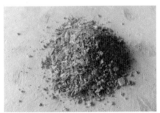

❷

말린 재료를 분쇄한다.

❸

유리 용기에 분쇄한 재료를 넣는다.

❹

설탕을 용기에 넣는다.

❺

물을 용기에 넣는다.

❻

포도 효소액을 넣고 용기 뚜껑을 닫아
발효시킨다. 발효가 끝나면 끝나면 재료를
걸러내어 원액만 용기에 담는다.
원액을 거를 때는 고운체를 사용해서
재료가 원액과 완전히 분리되도록 한다.

❼

완성된 질경이 발효건강차 원액을 냉장고에
보관해두고 먹는다.

우슬 발효건강차

우슬은 쇠무릎의 뿌리 부분이다. 《동의보감》에 "우슬은 한습으로 무릎을 굽혔다 폈다 하지 못하는 것과 남자의 음위증, 노인의 요실금을 치료하며, 골수를 보충하고 음기를 잘 통하게 한다. 머리카락이 세지 않게 하고, 월경을 통하게 하며, 허리와 등뼈 아픈 것을 낫게 한다"고 기록돼 있다.

관절염, 골다공증, 타박상 등의 증상을 개선시키고 혈관을 강화해 혈액순환, 고혈압, 동맥경화, 심근경색 등을 예방한다. 생리불순, 자궁출혈, 어혈 등의 증상을 완화시키며, 야뇨증에도 효과가 있다. 단, 설사가 잦은 사람이나 허한 사람에게는 좋지 않으며 임산부는 섭취를 삼가야 한다. (2장 19. 쇠무릎차 참조)

●재료
우슬 100g : 포도 효소액 200cc : 물 2,000cc : 설탕 400g

●채취 시기
6~8월에 뿌리를 채취하여 차 재료로 사용한다.

●우슬의 효능
혈액순환, 고혈압, 동맥경화, 심근경색 등에 좋다.

❶

우슬 뿌리를 깨끗이 손질하여 말린다.

❷

말린 재료를 분쇄한다.

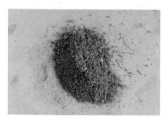

❸

유리 용기에 분쇄한 재료를 넣는다.

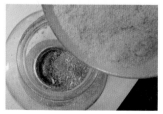

❹

물과 설탕을 용기에 넣는다.

❺

포도 효소액을 넣고 용기 뚜껑을 닫아
발효시킨다. 발효가 끝나면 끝나면 재료를
걸러내어 원액만 용기에 담는다.
원액을 거를 때는 고운체를 사용해서
재료가 원액과 완전히 분리되도록 한다.

❻

완성된 우슬 발효건강차 원액을 냉장고에
보관해두고 먹는다.

O

닭의장풀 발효건강차

    닭의장풀은 닭의장풀과에 속하는 한해살이풀로 '달개비', '계거초', '계장초'라고도 한다. 닭장 근처에서 잘 자라고, 꽃잎이 닭의 볏과 닮아서 붙여진 이름이다. 풀밭이나 습기가 있는 땅, 길가 등 어디에서나 잘 자란다.

    말린 것을 달여 마시거나 생즙을 내어 복용하며, 종기나 화상에는 생풀을 짓찧어서 환부에 붙인다. 신경통이 있을 때 전초 달인 물로 목욕을 해도 좋다. 어린잎과 줄기는 식용하고 꽃은 염색용 색소로 사용한다. (2장 31. 닭의장풀차 참조)

● 재료
닭의장풀 100g : 포도 효소액 200cc : 물 2,000cc : 설탕 400g

● 채취 시기
8~9월에 꽃, 잎, 줄기를 채취하여 차 재료로 사용한다.

● 닭의장풀의 효능
해열, 해독, 소종 등의 효과가 있다. 간염, 당뇨, 황달, 혈뇨, 소변이 잘 나오지 않는 증세, 월경이 멈추지 않는 증세 등의 치료에 쓴다.

❶

닭의장풀 꽃, 잎, 줄기를 깨끗이 손질하여 말린다.

❷

말린 재료를 분쇄한다.

❸

유리 용기에 분쇄한 재료를 넣는다.

❹

설탕을 용기에 넣는다.

 ❺

물을 용기에 넣는다.

❻

포도 효소액을 넣고 용기 뚜껑을 닫아
발효시킨다. 발효가 끝나면 끝나면 재료를
걸러내어 원액만 용기에 담는다.
원액을 거를 때는 고운체를 사용해서
재료가 원액과 완전히 분리되도록 한다.

❼

완성된 닭의장풀 발효건강차 원액을 냉장고에
보관해두고 먹는다.

구기자 발효건강차

구기자나무는 가지과에 속하는 낙엽활엽 관목으로 관상용으로도 재배한다. 어린잎은 식용하며 열매인 '구기자'는 약재로 쓴다.

《동의보감》에 "구기자는 내상으로 몹시 피로하고 숨 쉬기도 힘든 것을 보하며, 힘줄과 뼈를 튼튼히 해주고, 양기를 세게 하며, 5가지 피로와 7가지 신체 손상을 낫게 한다. 또한 정기를 보하며, 얼굴빛이 젊어지게 하고, 흰머리를 검게 하고, 눈을 맑게 해서 정신을 안정시켜 오래 살게 하는 장수식품"이라고 기록되어 있다. (2장 35. 구기자잎 차 참조)

●재료
구기자 100g : 배 효소액 200cc : 물 2,000cc : 설탕 400g

●채취 시기
9~10월에 열매를 채취하여 차 재료로 사용한다.

●구기자의 효능
강장, 보양 등의 효과가 있고 간에 이롭다. 신체 허약, 양기 부족, 신경쇠약, 폐결핵, 당뇨병, 만성간염, 현기증, 시력 감퇴 등의 치료에 쓴다.

구기자 발효건강차 만들기

❶

구기자 열매를 깨끗이 손질한다.

❷

손질한 재료를 말려서 분쇄한다.

❸

유리 용기에 분쇄한 재료를 넣는다.

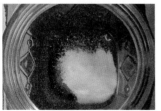

❹

설탕을 용기에 넣는다.

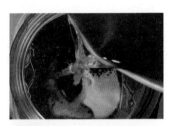

❺

물을 용기에 넣는다.

· ·

❻

배 효소액을 넣고 용기 뚜껑을 닫아
발효시킨다. 발효가 끝나면 끝나면 재료를
걸러내어 원액만 용기에 담는다.
원액을 거를 때는 고운체를 사용해서
재료가 원액과 완전히 분리되도록 한다.

· ·

❼

완성된 구기자 발효건강차 원액을 냉장고에
보관해두고 먹는다.

맥문동 발효건강차

맥문동은 백합과의 여러해살이풀로 잎은 난초 잎과 비슷하게 생겼고 연한 보랏빛 꽃을 피운다. 줄기는 없고 짤막한 뿌리줄기를 가졌으며, 뿌리 곳곳에 달려 있는 살찐 작은 덩어리를 약재로 쓴다.

맥문동은 '죽은 맥을 살려낸다'는 뜻처럼 원기 회복력이 뛰어나다. 사포닌 성분이 많고, 폐를 보호하여 가슴이 답답한 사람이나 흡연자에게 좋다. 심신을 안정시켜 심장병을 예방하며, 어린이들의 틱 장애에도 치료 효과가 있다. 당뇨 환자가 잦은 갈증을 느끼고 입이 마를 때 맥문동을 복용하면 입에 침이 돌고 혈당 수치가 떨어진다. 하지만 찬 기운을 가진 약초이므로, 몸이 냉해서 소화 기능이 약하고 설사가 잦은 사람은 삼가야 한다.

●재료
맥문동 100g : 포도 효소액 200cc : 물 2,000cc : 설탕 400g

●채취 시기
9월 중순~11월에 뿌리를 채취하여 차 재료로 사용한다.

●맥문동의 효능
당뇨, 진해, 거담, 폐, 염증, 피부염, 여드름, 위염, 위통 등에 좋다.

❶

맥문동 뿌리를 깨끗이 손질하여 말린다.

❷

말린 재료를 분쇄한다.

❸

유리 용기에 분쇄한 재료를 넣는다.

❹

설탕을 용기에 넣는다.

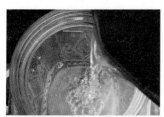

❺

물을 용기에 넣는다.

....

❻

포도 효소액을 넣고 용기 뚜껑을 닫아
발효시킨다. 발효가 끝나면 끝나면 재료를
걸러내어 원액만 용기에 담는다.
원액을 거를 때는 고운체를 사용해서
재료가 원액과 완전히 분리되도록 한다.

....

❼

완성된 맥문동 발효건강차 원액을 냉장고에
보관해두고 먹는다.

당귀 발효건강차

　당귀는 습한 땅에 나는 두해살이 또는 세해살이 풀이다. 깊은 산속에서 자생하기도 하나, 주로 재배되며 임상에서 가장 흔히 쓰이는 약재 가운데 하나이다.

　성질은 따뜻하고 매우며 모든 풍병(중풍, 마비, 저림증상 등)과 혈병(피와 관련된 질환)을 호전시키며 허로(허약하고 피곤한 증상)를 낫게 하며 피가 생겨나게 한다. 부인병, 생리통, 몸이 냉한 사람에게 좋고 특히 잦은 다이어트로 몸을 많이 상한 사람의 혈액순환을 돕는다. 단, 설사를 자주하는 사람은 장복하지 않는 것이 좋다. (2장 37. 당귀차 참조)

●재료
당귀 100g : 배 효소액 200cc : 물 2,000cc : 설탕 400g

●채취 시기
10월~이듬해 3월 뿌리를 채취하여 차 재료로 사용한다.

●당귀의 효능
팔다리와 허리의 냉증, 생리통, 히스테리, 갱년기장애, 고혈압, 보혈진정, 월경불순 등에 효능이 있고 멍든 피를 풀어준다. 신체 허약, 두통, 현기증, 근육 관절통 및 신경통, 변비, 복통, 타박상 등의 치료에 쓴다.

❶

당귀 뿌리를 깨끗이 손질하여 말린다.

....

❷

말린 재료를 분쇄한다.

....

❸

유리 용기에 분쇄한 재료를 넣는다.

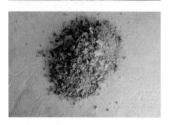

....

❹

물과 설탕을 용기에 넣는다.

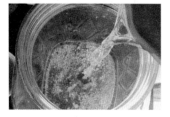

❺

배 효소액을 넣고 용기 뚜껑을 닫아
발효시킨다. 발효가 끝나면 끝나면 재료를
걸러내어 원액만 용기에 담는다.
원액을 거를 때는 고운체를 사용해서
재료가 원액과 완전히 분리되도록 한다.

....

❻

완성된 당귀 발효건강차 원액을 냉장고에
보관해두고 먹는다.

둥굴레 발효건강차

둥굴레는 산과 들에 저절로 나는 백합과의 여러해살이풀이다. 뿌리는 황백색으로 살이 많고 굵어 옆으로 길게 뻗는데, 이 둥근 뿌리에 굴레 모양의 마디가 많아서 '둥굴레'라는 이름이 붙었다. 잎 모양이 대나무 잎과 비슷해서 '옥죽'이라고도 부르고, 약재로 쓸 때는 '황정'이라 해서 신선들이 먹는 차로 알려져 있다.

뿌리줄기를 말려서 수시로 음용하면 뼈가 튼튼해지고 머리가 세는 것을 막는 등 노화를 억제한다. 병을 앓고 난 뒤 체력이 떨어지고 입맛이 없을 때 먹으면 식욕을 촉진하고 소화를 돕는다. (2장 38. 둥굴레차 참조)

● 재료
둥굴레 100g : 배 효소액 200cc : 물 2,000cc : 설탕 400g

● 채취 시기
10월〜이듬해 3월 뿌리를 채취하여 차의 재료로 사용한다.

● 둥굴레의 효능
이뇨, 지혈, 변통 등에 효과가 있다. 변비, 소화불량, 황달, 혈변, 자궁출혈 등의 치료에 쓰고, 옴이나 종기, 류머티즘, 음부 습진에도 쓴다.

둥굴레 발효건강차 만들기

❶

둥굴레 뿌리를 깨끗이 손질하여 말린다.

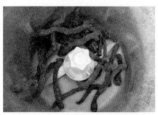

❷

말린 재료를 분쇄한다.

❸

유리 용기에 분쇄한 재료를 넣는다.

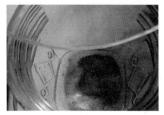

❹

설탕을 용기에 넣는다.

❺

물을 용기에 넣는다.

❻

배 효소액을 넣고 용기 뚜껑을 닫아
발효시킨다. 발효가 끝나면 끝나면 재료를
걸러내어 원액만 용기에 담는다.
원액을 거를 때는 고운체를 사용해서
재료가 원액과 완전히 분리되도록 한다.

❼

완성된 둥굴레 발효건강차 원액을 냉장고에
보관해두고 먹는다.

삽주 발효건강차

삽주는 국화과에 속하는 여러해살이풀로 생약명은 '창출', '선출', '천정'이다. 봄에 새싹이 돋아나며 빛은 푸르고 가지가 없다. 줄기는 제비쑥대 같고 연붉은빛이 난다. 뿌리는 생강 같고 겉에 잔뿌리가 있으며, 껍질은 꺼멓고 속은 희며 보랏빛이 난다.

삽주는 위에 좋은 산야초로 순이나 잎을 채취해서 나물로 먹는데 나물 중에서 고급에 속한다. 뿌리는 약재로 쓰지만 산야초차로 만들어 음용하면 좋은 효과를 볼 수 있다. (2장 39. 삽주차 참조)

● 재료
삽주(창출) 100g : 포도 효소액 200cc : 물 2,000cc : 설탕 400g

● 채취 시기
10월~이듬해 3월 채취한 뿌리를 차 재료로 사용한다.

● 삽주의 효능
위장에 특히 좋은 산야초로 소화불량, 위장염, 해독, 이뇨, 진통, 건위, 신장 기능 장애로 인한 빈뇨증, 팔다리 통증, 감기 등의 치료에 쓴다.

❶

삽주 뿌리를 깨끗이 손질하여 잘게 자른 뒤
말린다.

❷

말린 재료를 분쇄한다.

❸

유리 용기에 분쇄한 재료를 넣는다.

❹

물과 설탕을 용기에 넣는다.

➎

포도 효소액을 넣고 용기 뚜껑을 닫아
발효시킨다. 발효가 끝나면 재료를 걸러내어
원액만 용기에 담는다. 원액을 거를 때는
고운체를 사용해서 재료가 원액과 완전히
분리되도록 한다.

➏

완성된 삽주 발효건강차 원액을 냉장고에
보관해두고 먹는다.

귤껍질(진피) 발효건강차

귤나무는 운향과의 상록활엽 관목으로 열매는 '귤', 껍질을 '진피'라고 부르며 약용한다. 《동의보감》에 "진피는 성질이 따뜻하고, 맛은 쓰고 매우며, 독이 없어 가슴에 뭉친 것을 치료하고, 기운이 위로 치미는 것과 기침하는 것을 낫게 한다"고 기록돼 있다.

귤껍질은 따뜻한 성질을 갖고 있어서 특히 감기 환자에게 좋다. 민간에서는 명태 대가리와 파뿌리, 진피를 고아 먹으면 감기가 물러간다고 해서 겨울철 음료로 많이 마셔왔다. 또 가래가 끓고 기침이 잦을 때 진피를 달여 먹으면 가라앉는 효과가 있다.

●재료
귤껍질(진피) 100g : 포도 효소액 200cc : 물 2,000cc : 설탕 400g

●채취 시기
10월~이듬해 3월 안에 마련한 귤껍질을 차 재료로 사용한다.

●귤껍질(진피)의 효능
귤껍질은 기가 뭉친 것을 풀어주고 비장의 기능을 강화한다. 기관지 계통에 효과가 있으며, 감기 예방, 기의 순환, 피부 재생, 소화 촉진, 설사를 멎게 할 때 쓰면 좋다. 이뇨 작용도 탁월하다.

귤껍질(진피) 발효건강차 만들기

❶

귤껍질(진피)을 깨끗이 손질하여 말린다.

❷

말린 재료를 분쇄한다.

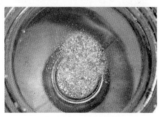

❸

유리 용기에 분쇄한 재료를 넣는다.

❹

물과 설탕을 용기에 넣는다.

❺

포도 효소액을 넣고 용기 뚜껑을 닫아
발효시킨다. 발효가 끝나면 재료를 걸러내어
원액만 용기에 담는다. 원액을 거를 때는
고운체를 사용해서 재료가 원액과 완전히
분리되도록 한다.

❻

완성된 귤껍질(진피) 발효건강차 원액을 냉장고에
보관해두고 먹는다.

생강나무 발효건강차

생강나무는 녹나뭇과에 속하는 낙엽활엽 교목으로 '단양매', '새앙나무', '아구사리'라고도 한다. 생강나무는 다른 나무에 앞서서 잎이 펼쳐지기 전에 꽃이 피는데 암꽃과 수꽃이 각기 다른 나무에서 달린다. 꽃이 지고 나면 둥근 열매를 맺는데 가을에 검게 익는다.

어린잎은 데쳐서 나물로 먹고, 씨는 '산후추'라 하여 약재로 쓰거나 기름을 내어 머릿기름으로 쓴다. 특히 전라북도 정읍 지역 이북으로는 녹차나무가 자라지 않으므로 생강나무잎차로 대용하기도 한다. 가지 또한 달여서 차로 음용한다. (2장 27. 생강나무잎차 참조)

● **재료**

생강나무 100g : 배 효소액 200cc : 물 2,000cc : 설탕 400g

● **채취 시기**

연중 언제나 잎과 가지를 재료로 사용할 수 있다.

● **생강나무의 효능**

산후풍에 특효약으로 쓰인다. 오한, 복통, 신경통, 멍든 피로 인한 통증, 발을 헛디뎌 삐었을 때, 타박상이나 어혈 등의 치료에 쓴다.

❶

생강나무 잎과 가지를 깨끗이 손질하여
말린다.

❷

말린 재료를 분쇄한다.

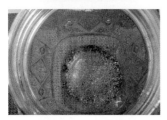

❸

유리 용기에 분쇄한 재료를 넣는다.

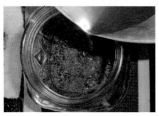

❹

물과 설탕을 용기에 넣는다.

5

배 효소액을 넣고 용기 뚜껑을 닫아
발효시킨다. 발효가 끝나면 재료를 걸러내어
원액만 용기에 담는다. 원액을 거를 때는
고운체를 사용해서 재료가 원액과 완전히
분리되도록 한다.

6

완성된 생강나무 발효건강차 원액을 냉장고에
보관해두고 먹는다.

내 손으로 만드는
산야초차

지은이 김시한

펴낸곳 도서출판 창해
펴낸이 전형배

출판등록 제9-281호(1993년 11월 17일)
1판 1쇄 인쇄 2018년 10월 25일
1판 1쇄 발행 2018년 10월 30일

주소 서울시 마포구 토정로 222(신수동 448-6) 한국출판콘텐츠센터 316호
전화 02-333-5678
팩스 070-7966-0973
E-mail changhae@changhae.biz

ISBN 978-89-7919-176-9 13590

ⓒ김시한, 2018, Printed in Korea.

「이 도서의 국립중앙도서관 출판예정도서목록(CIP)은
서지정보유통지원시스템 홈페이지(http://seoji.nl.go.kr)와
국가자료공동목록시스템(http://www.nl.go.kr/kolisnet)에서
이용하실 수 있습니다.(CIP제어번호: **CIP2018033235**)」

*값은 뒤표지에 있습니다.
*잘못된 책은 구입하신 곳에서 바꿔드립니다.